一歩目からの

ブロックチェーンとWeb3サービス入門

体験しながら学ぶ暗号資産、DeFi、NFT、DAO、メタバース

松村 雄太［著］

マイナビ

サポートサイトについて

本書の補足情報、訂正情報などを掲載しています。

https://book.mynavi.jp/supportsite/detail/9784839980986.html

はじめに

本書は、近年注目を集める「暗号資産」「NFT」「(一部の) メタバース」「GameFi」「DAO」「DeFi」などとその基礎となる技術「ブロックチェーン」について、ビジネス及びテクノロジーの側面から解説する初・中級者向けの本となっています。

2021年にはNFT市場がバブル的に盛り上がりました。また、2021年10月にFacebookが社名をMetaに変更したことが大きなきっかけとなって、メタバースブームも始まりました。

そんな中、私は立て続けに『図解ポケット デジタル資産投資 NFTがよくわかる本』『図解ポケット メタバースがよくわかる本』(共に秀和システム)を刊行し、多くの方にNFTやメタバースについて解説しました。どちらも刊行後程なくして増刷が決まるなど、この分野に関する関心の高さもうかがえました。

この2冊は、NFTやメタバース、それらに関連する基礎知識や具体例を豊富な図解で丁寧に解説しており、NFTやメタバースについて全くわからない初心者の方でも、同書を読めばなんとなくでも理解できると、大変ご好評をいただきました。

しかしその一方、同書は初心者向けの本のため、ある程度の知識をお持ちの方にはやや物足りないものになってしまったかと思います。

このような背景もあり、基礎知識や事例を知るだけでなく、実際に手を動かすことでブロックチェーンによって実現できること・できそうなことを体感していただくことのできる本書を出版することとなりました!

振り返って見れば、バブルが崩壊してから日本は「失われた30年」を歩んできました。この30年は、インターネット産業が大きく成長した期間であり、日本は他国、特にアメリカや中国に大きな差をつけられてしまいました。

アメリカのGAFAM——Google、Amazon、Facebook(現Meta)、Apple、Microsoft——や、中国のBATH——Baidu(百度、バイドゥ)、Alibaba(阿里巴巴集団、アリババ)、Tencent(騰訊、テンセント)、HUAWEI(華為技術、ファーウェイ)——の躍進と覇権は今後もしばらく続くでしょう。

一方、2023年現在も日本経済の低迷は続いており、このままでは失われた30年が40年、50年、100年となってしまう恐れもあります……

私はバブル崩壊後に生まれた世代の人間なので、残念ながら今までの人生が丸々日本の低迷期と被っています。もしこの低迷期がさらに数十年続けば、私の一生すべてが日本の低迷期と被ってしまいかねません……

しかし幸いにも、2023年現在、日本も他国と同様、大きなチャンスを目の当たりにしています！　それは、ブロックチェーン、Web3分野の躍進です。あなたも最近は「Web3」という単語を目にすることが増えてきたのではないでしょうか？

世界は今まさに、ブロックチェーンによって大きく変わりつつあります。また、何かと話題のメタバースも、一部のプラットフォームではブロックチェーンを活用しています。

この大きなチャンスを逃すのはもったいないですよね？　本書を手にとっていただいたあなたには、少しでもブロックチェーンやブロックチェーンを活用したサービスに親しんでいただきたいなと思っています。

今はまだ「NFT」や「メタバース」と聞いてもピンと来ない人も多いと思います。しかし、かつてのインターネットの黎明期と同じように、徐々に多くの人々の生活にブロックチェーンを活用した新しいサービスが溶け込んでいくでしょう。現在多くの人がSNSを仕事や趣味で利用しているように、新たなWeb3のサービスを仕事や趣味に利用する人も増えていくでしょう。

未来志向のあなたには、本書の内容を参考に、楽しいブロックチェーンライフを歩んでいただけたら嬉しいです！

松村雄太

※本書では、あなたが本書を読みながら、あるいは読んだ後にすぐ暗号資産やNFTを扱えるように、手順を示しています。しかし、変化の激しい分野ということもあり、本書に記載した内容と最新の仕様が変わってしまう可能性もあります。
本書の内容が最新の情報とズレてしまった場合は、お手数ですが各自インターネットでプロジェクトの公式の情報や、信頼おけるユーザーが発信する情報を確認いただけますと幸いです。自分で調べる（DYOR）ことが、今後ますます重要になります。
何を見ていいかわからない場合は、私が運営する「Web3総合研究所」というWebメディアもご参考にしてください！

URL: https://crypto-ari.com

また、Web3総合研究所公式LINEよりご質問いただくこともできますので、お気軽にご連絡ください！
このLINEをお友達に追加いただいた方にはプレゼントもあります。

URL:https://lin.ee/7hx70Nf
（あるいはID: @257tireg より）

うまくLINEに連絡できない場合は、こちらのメールアドレスへご連絡ください。
investor.y11a@gmail.com

CONTENTS

第7章 ジェネラティブNFTを発行してみる 097

第8章 STEPNで歩いて暗号資産を獲得してみる 119

第9章 DAOを立ち上げてみる 135

第10章 メタバースの一部を作ってみる 149

第11章 ChatGPTなどのAIとWeb3 183

第1章

ブロックチェーンとは？

まずは、そもそもブロックチェーンとは何かを見ていきましょう。
ブロックチェーンがいかに革命的な技術か簡単にお伝えします！

1-1. ブロックチェーンとは？

1-1-1. ブロックチェーンは暗号資産だけではない！

「**ブロックチェーン**」というと、“仮想通貨と関係のある何か”程度にしか思っていない人も多いのではないでしょうか。しかしブロックチェーンは、暗号資産（仮想通貨）だけの技術ではありません！

ブロックチェーンは、ざっくりいうと、分散型台帳技術(中央管理者が存在しない分散されたネットワーク上で、同じ台帳(データベース)を各参加者(コンピューター)が管理、共有することができる技術)の一種です。データをひとまとめにしたブロックが、鎖のようにリンクしたデータ構造になっているのが特徴のため「ブロックチェーン」と呼ばれています。

ブロックチェーンは暗号資産に関連して注目された技術ではありますが、暗号資産の分野に限らず、この世界の仕組みを大きく変える可能性のある非常にポテンシャルの高い技術です。ブロックチェーンのポテンシャルを知るために、まずはその特徴や活用の広がりをご紹介します。

1-1-2. ブロックチェーンの4つの特徴

ブロックチェーンには、「改ざんが非常に困難」「自律分散システムである」「システムダウンが起こりにくい」「1度登録されたデータは削除できない」という4つの主要な特徴があります。詳しくは「1-3. ブロックチェーンの仕組みの基本」で解説しますが、まずは簡単に1つずつ紹介していきます。

1. 改ざんが非常に困難

ブロックチェーンは、**ハッシュ**(データを英数字の羅列に暗号化する技術)や電子署名(電子データが正式なもので、改ざんされていないことを証明するもの)などの暗号技術を使っており、データの改ざんを容易に検出できる仕組みになっています。

2. 自律分散システムである

ブロックチェーンは、**P2P**(Peer to Peer)と呼ばれる、ユーザー(ブロックチェーンへの参加者)の端末と端末を直接つなぐ通信方式を利用しています。繋がっている1つ1つの端末を「**ノード**」と呼びます。また、ブロックチェーンでは、取引が行われると同時に、その取引データがブロックチェーン上の全てのノードに送信されます。データを受信したノードは、プログラムによって自律的にそのデータの正当性を検証し、記録・管理します。このように、ブロックチェーンは不特定多数のノードでデータを共有し、自律的に管理を行う自律分散システムになっています。

3. システムダウンが起こりにくい

前述の通り、ブロックチェーンでは多数のノードに同じデータが共有されているため、たとえ一部のコンピュータがダウンしても残りの多数のノードが記録を保持し続けています。もちろん全てのノードが一斉にダウンしてしまえばシステム全体がダウンしてしまうことになりますが、そのようなことが起こる可能性は非常に低いといえるでしょう。

4. 一度登録したデータは削除できない

ブロックチェーンは、前述の通り複数の端末で同じデータが共有されており、1つのノードのデータを削除しても、他のノードにデータが保管されています。また、詳しくは後述しますが、ブロックチェーンのデータは過去のデータとリンクした構造になっています。1つのデータを削除すると、その時点以降のデータ全てに影響してしまうため、どこかのデータのみ書き換えたり削除するといったことが困難です。つまり、1度登録したデータはずっと消えずに証拠として残り続けることになります。

これらのブロックチェーンの特徴が、高い信頼性を求められる暗号資産などの取引で大きな役割を果たしています。

1-1-3. 従来のシステムとブロックチェーンの違い

ところで、ブロックチェーンは従来のシステムとはどのような違いがあるのでしょうか？

従来のシステムの多くは、中央に管理者が存在する中央集権型の構造になっています。「中央に管理者が存在する」というのは、たとえばGoogleなどのような大手プラットフォーマーによるサービスを想像するとわかりやすいでしょう。

たとえば、あなたがGoogleドキュメントやスプレッドシートで作業しているとします。クラウドサービスで、データベースは複数のコンピュータに分散されており、バックアップも取られています。あなたは作業中に間違えてデータを削除してしまっても、バックアップデータをもとに、任意のタイミングのデータを復元させることができます。

この点だけ見ると、ブロックチェーンとの差異はあまり感じないかもしれません。
ただし、データベースを管理しているのはサービス提供者、つまり「中央の管理者」です。管理者がサービスを停止させればデータベースの中身は消失するかもしれませんし、管理者の都合によってデータを抹消される可能性もないとはいえません。

一方、ブロックチェーンの場合、データベースは中央の特定の管理者（サービス提供者）ではなく、複数の参加者によって保存・管理されています。たとえサービス提供者であっても記録されたデータの改ざんや消去はできません。参加者が自分の登録したデータを消すこともできません。

この点が、ブロックチェーンと従来の中央集権的なシステムとの大きな違いといえます。

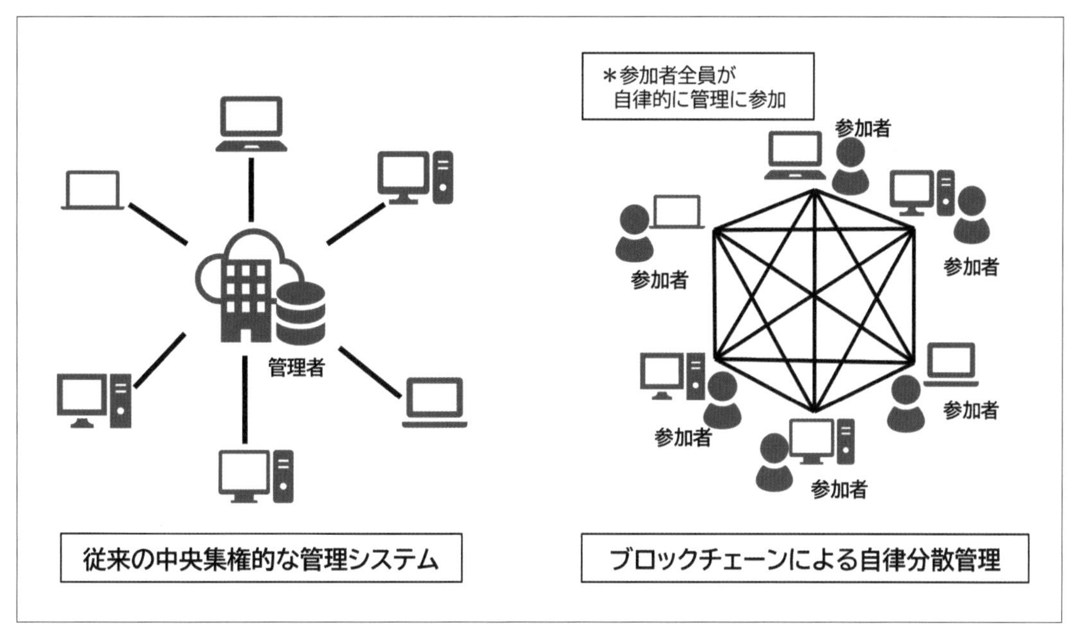

図1-1　従来の中央集権的なシステムとブロックチェーンの違い

1-1-4. ブロックチェーンの活用が期待される業界

ブロックチェーンは「インターネット以来の技術革新」と呼ばれることもある画期的な技術です。繰り返しになりますが、暗号資産にのみ利用される技術ではありません。

たとえば金融分野では、5章で紹介する分散型金融（DeFi）は代表的なブロックチェーンの活用例です。また、そのほか物流分野では商品の移動の追跡、エンターテイメント産業では著作権管理やロイヤリティの支払い、デジタル流通、医療分野では患者の医療記録をセキュアな形で共有するための利用等々……すでに幅広い分野で活用、または活用へ向けた開発、実証実験が進んでいます。

次ページでは、ブロックチェーンの活用が期待される業界の一部を紹介しています。遠くない未来に、あなたの生活の様々な部分がブロックチェーンによって支えられるかもしれません。

- 金融
- 物流
- 農業
- エンタメ（ゲーム）
- アート
- 飲食
- 不動産
- 医療

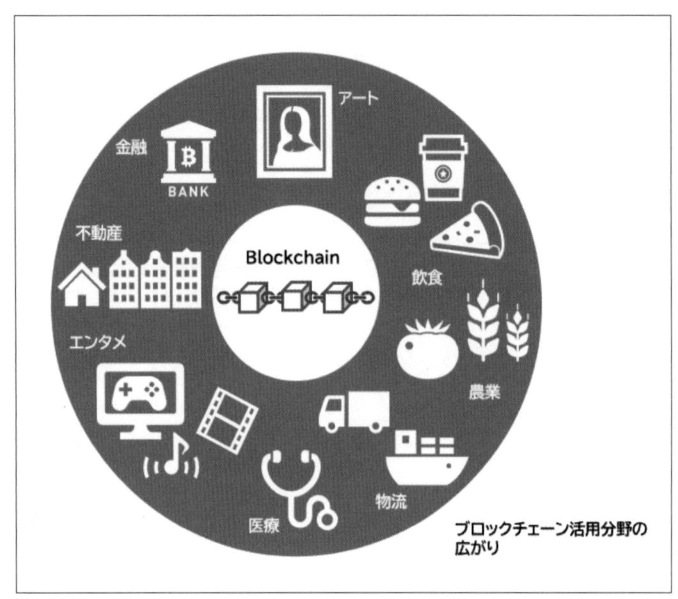

図1-2
ブロックチェーン活用が期待される分野

具体的な例として、物流でのブロックチェーンを活用した、産地偽装などを防ぐ試みをご紹介しましょう。

株式会社電通国際情報サービスは、宮崎県綾町において、ブロックチェーンを活用した農作物のトレーサビリティ保証の実証実験を実施しています。

この実証実験では、野菜とともにIoTセンサーを箱に入れます。センサーは箱に伝わる振動や温度などさまざまなデータを取得し、それをブロックチェーンに記録します。

この独自のIoTセンサーを詰めた箱には、ひとつずつNFCタグ（Near Field Communication、かざすだけで通信できる通信技術が搭載されたタグ）が付けられます。農家は梱包の際に野菜をスマートフォンで撮影し、NFCタグを読み取ってサーバーにデータをアップロードします。そうして各情報が関連付けられた状態で、データがブロックチェーンに書き込まれるのです。

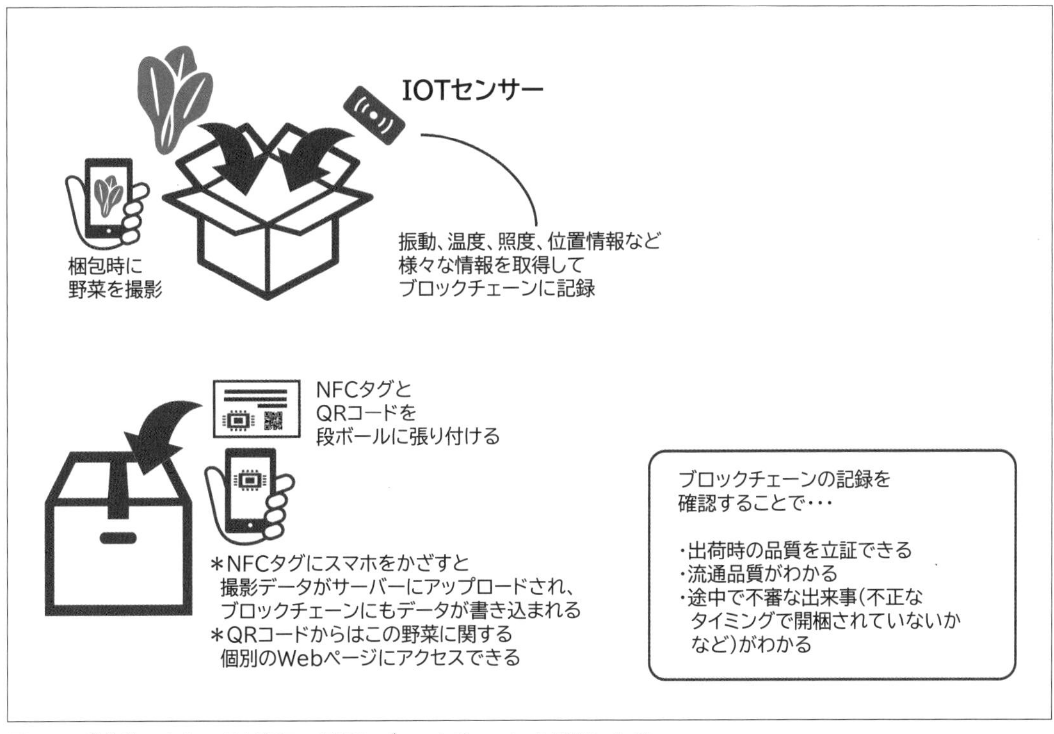

図1-3　農作物のトレーサビリティ保証にブロックチェーンを活用した例

梱包された箱には、タグに関連付けられたQRコードが貼られており、そこから個別のWebページを確認できます。Webページでは、この野菜がどのように育てられ、どのような経路で輸送されたのかといった一連の情報を、消費者も写真付きのタイムラインで見ることができるのです。

このようにブロックチェーンを活用して農作物の品質の保証をすることで、農作物に付加価値を付与すると同時に、消費者に安心を届けることにつながります！

1-2. ブロックチェーン誕生の背景

ここまでで、ブロックチェーンが様々な分野で活用できる技術だということをなんとなくイメージしていただけたのではないでしょうか。
技術の広がりを感じていただいたところで、ブロックチェーン技術誕生の背景についてもご紹介します。

1-2-1. ブロックチェーンは ビットコインを支える技術として誕生

ブロックチェーンは、ビットコインを支える技術として誕生しました。ビットコインは2008年にコンセプトが発表され、2009年に取引が開始された世界初の暗号資産です。

その後、イーサリアム（イーサ）など、様々なブロックチェーン及び、暗号資産が世界中で開発されることとなりました。

1-2-2. 生みの親は「サトシ・ナカモト」

ビットコイン、そしてブロックチェーンは「サトシ・ナカモト」と名乗る人物、あるいは団体が生みの親とされています。日本人の名前でありながら、国籍や年齢、また個人なのか団体なのかすら明かされていない不思議な存在です。

サトシ・ナカモト氏は、政府による経済への介入を嫌い、誰も介入できず、決してダウンせず、公正に取引を記録する、新たなインフラを作るためにビットコインを生み出したといわれています。そして、その土台となる技術こそがブロックチェーンだったのです。

1-3. ブロックチェーンの仕組みの基本

1-3-1. ブロックチェーンはブロックが連なったチェーン

冒頭でも少し紹介しましたが、ブロックチェーン（Blockchain）の仕組みを理解するには、ブロックが連なっている状態をイメージするとよいでしょう。

ブロックチェーンは、実施された取引を記録した「**ブロック**」が連なっているものです。ブロックに記録された取引履歴を過去から1本の「鎖（チェーン）」のようにつなげています。

ブロックは1つ前のブロックの**ハッシュ値**、**ナンス値**、複数の**トランザクション（取引データ）**を持った構造になっています。

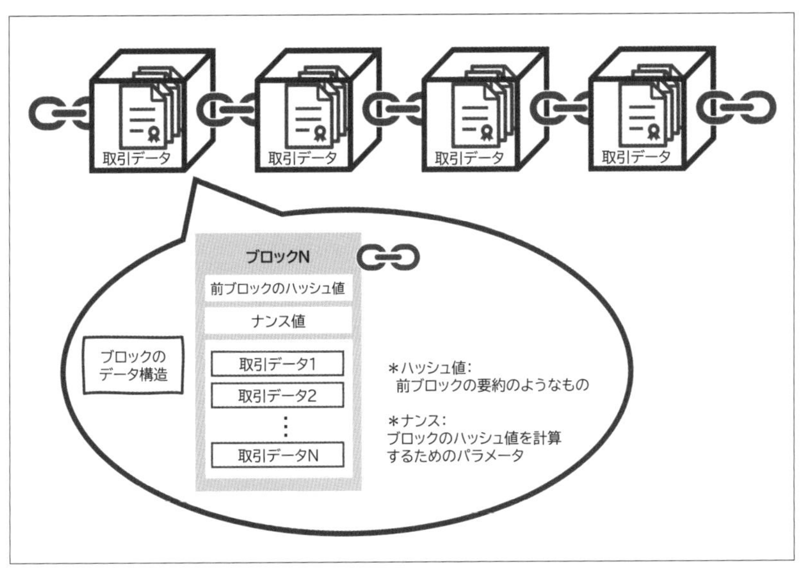

図1-4　ブロックチェーンは取引データを記録した「ブロック」がチェーンのように連なっている

ハッシュ値は、「**ハッシュ関数**」と呼ばれるアルゴリズムを用いてデータを一定の長さの値に変換したものです。ハッシュ関数は同じデータに対しては常に同じハッシュ値を生成し、データが1文字でも違えば大きく異なる値になります。

また、ナンス値は「一度だけ使われる数」という意味の言葉で、主に暗号通信などで用いられる使い捨ての32ビットの値です。ブロックチェーンにおいては、ハッシュ値の計算に使用されるパラメータの1つです。

1-3-2. ブロックチェーンは透明性が高く改ざんを防ぐ

前述の通り、ブロックチェーンではすべての取引データが多くのユーザーに共有されるため、仮にデータが勝手に編集(改ざん)されたとしても、ほかのユーザーが持つデータと比較することで編集された箇所を見つけることができます。つまり、データの透明性が非常に高いのです。

しかも、取引データの一部(ブロックの一部)が改ざんされた場合、その影響は後続のブロックすべてに影響します。
1-3-1で説明したように、後続のブロックには前のブロックを基に作ったハッシュ値が入っています。一部のブロックを改ざんすると、その後続のブロックのハッシュ値との整合性が取れなくなります。そのため、後続のブロックもすべて作り直さなければ完璧に改ざんすることはできません。

すなわち、ブロックチェーンが長ければ長いほど改ざんしにくくなります。しかもブロックの数は随時追加されており、事実上、改ざんすることが不可能となっています。

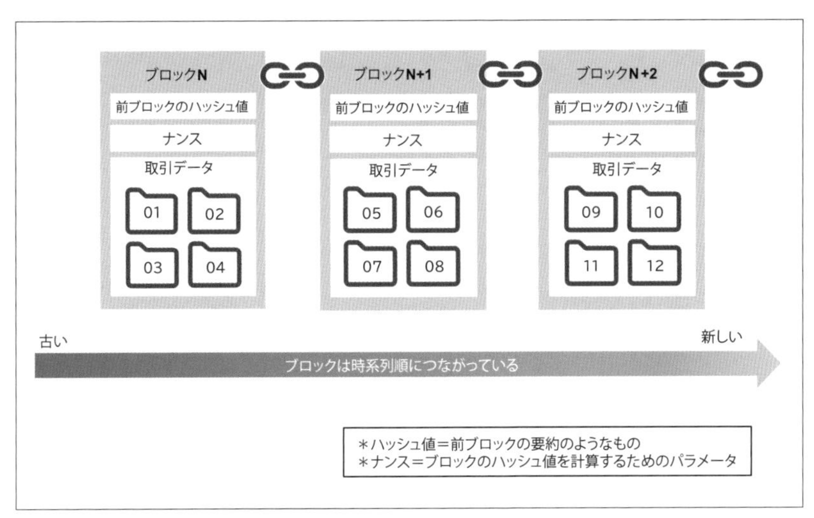

図1-5　ブロックチェーンの仕組み

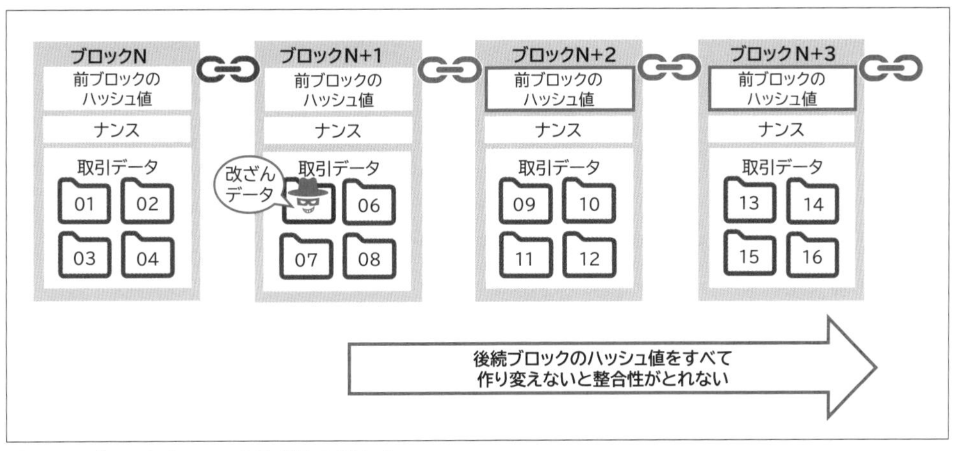

図1-6　ブロックチェーンの改ざんの難しさ

また、ブロックチェーンには、改ざん防止以外にも下記のような特徴・仕組みがあります。

- スマートコントラクト
- コンセンサスアルゴリズム

こちらについては後ほど説明します。

1-4. ブロックチェーンのすごい仕組み①スマートコントラクト

1-4-1. スマートコントラクトの歴史

「**スマートコントラクト**」は、ブロックチェーンを構成する主要な機能の1つで、ブロックチェーン上で契約を自動的に実行する仕組みのことです。

スマートコントラクトの概念が提唱されたのは1996年、コンピュータサイエンティストであるニック・サボ氏が論文『Smart Contracts: Building Blocks for Digital Markets（スマートコントラクト：デジタル市場のためのブロック構築）』を発表したのが最初とされています。この論文の中でスマートコントラクトは、「A smart contract is a set of promises, specified in digital form, including protocols within which the parties perform on these promises.（スマートコントラクトとは、当事者間で契約を履行するためのプロトコルを含む、電子形式で記載された一連の約束事）」と定義されています。

しかし論文発表当時にこのアイデアが実現することはありませんでした。というのも当時の技術では、信頼できる分散型のシステムを実装するのは困難だったからです。

このアイデアが具現化されたのは、論文発表から20年近くの時を経てのことです。2008年にビットコインによってブロックチェーンの基盤ができあがり、そして2013年、当時19歳だった青年ヴィタリック・ブテリン氏（イーサリアムの創設者）がブロックチェーンに実装可能なスマートコントラクトを開発したことが転機でした。その後、2015年にスタートした「イーサリアムプロジェクト」でスマートコントラクトが実装され、その技術の可能性を世界に広く示し、金融サービスや保険、不動産、サプライチェーンなど、多くの産業に大きな影響を与えていくこととなったのです。

1-4-2. 自動販売機のような仕組みを実現

先ほど、「スマートコントラクト」は、ブロックチェーン上で契約を自動的に実行する仕組みのこととご紹介しました。具体的には、スマートコントラクトにより、「Aという状態になったらBをする」というように、事前に契約の発動条件や実行する内容を定義しプログラム化しておくことで、人の手を介さなくても、条件が満たされると処理が自動的に実行されます。一定のお金を入れれば飲み物を手に入れることができる自動販売機のような、取引・処理を実現します。

例えば、購入者が商品の金額を支払った場合に、自動的に商品を出荷したり、商品の所有権を出品者から購入者に変更する、といったことが行えます。

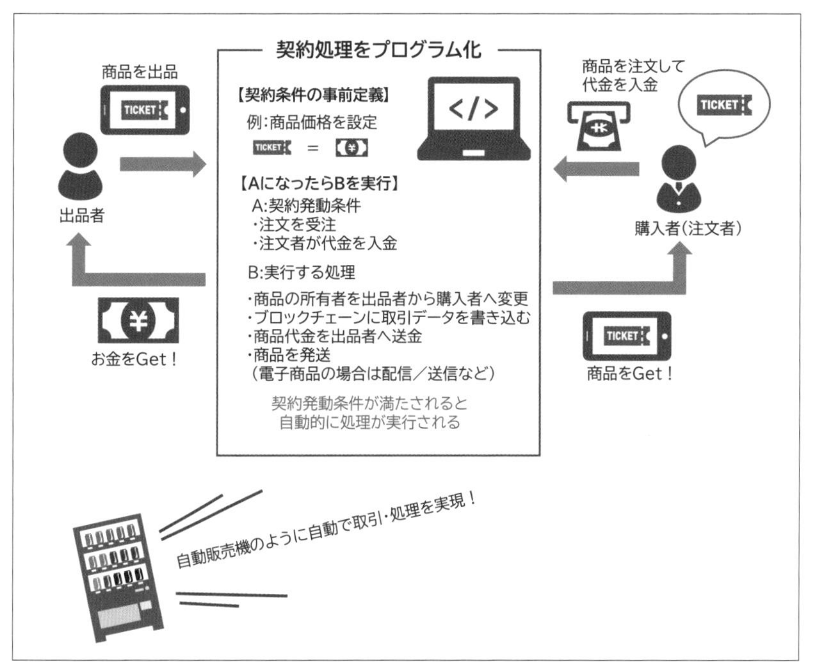

図1-7　ブロックチェーン上で契約を自動的に実行する

スマートコントラクトは、業務の複雑さや、取引相手の信頼度に関係なく、確実で透明性の高い業務の遂行を実現します。人の恣意性を挟まないので、最初に契約履行管理の流れを定めておけば、信用できない（匿名の）相手であっても取引しやすいといえます。

1-4-3. 広がるブロックチェーンの可能性

このスマートコントラクトの性質を活用し、ブロックチェーンに記録される取引・契約の履行管理を自動化することで、様々な業務をシームレスに繋げられると期待されます。例えば、自動車保険を更新する際、記録された走行距離などのデータをもとに、適切な内容で自動更新できるようにしたり、煩雑な印象の強い税金の支払いを自動化することも考えられます。

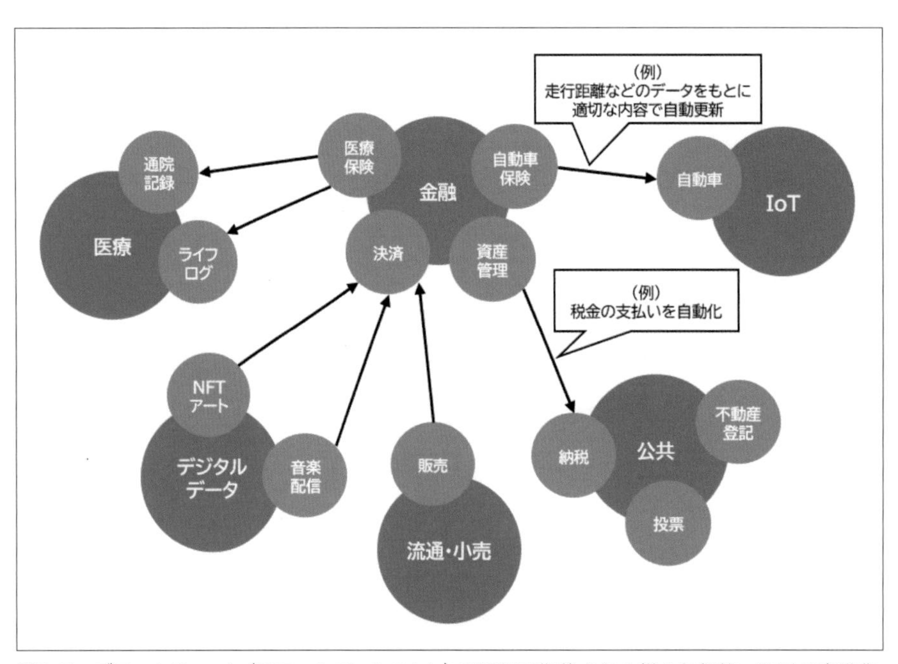

図1-8　ブロックチェーン（スマートコントラクト）の活用で期待される様々な契約・取引の自動化

さらに、デジタルデータの価値を担保するNFT（Non-Fungible Token、非代替性トークン）の取引や、革新的な仕組み・組織であるDAO（Decentralized Autonomous Organization、分散型自律組織）の運営を実現するなど、さまざまな用途に活用されています！これらの特徴や仕組みについては、詳しくは後述します。

1-5. ブロックチェーンのすごい仕組み②コンセンサスアルゴリズム

第1章

1-5-1. 取引の正しさを保証

「**コンセンサスアルゴリズム**」は、日本語で簡単にいうと「合意方法」となります。ブロックを追加する際のルールとなるコンセンサス（合意）形成を行うアルゴリズム（方法）のことです。言い換えれば、データの真正性を担保するルールともいえます。

ブロックチェーンは、取引内容をひとかたまりのブロックにまとめ、既存のチェーンに追加していく作業が行われることで成り立っています。コンセンサスアルゴリズムに従って生成されたブロックがブロックチェーンに追加されることで、取引が合意を得た正当なものであるとみなされます。

この作業により暗号資産やNFTなどの取引の正しさが保証されるのです。

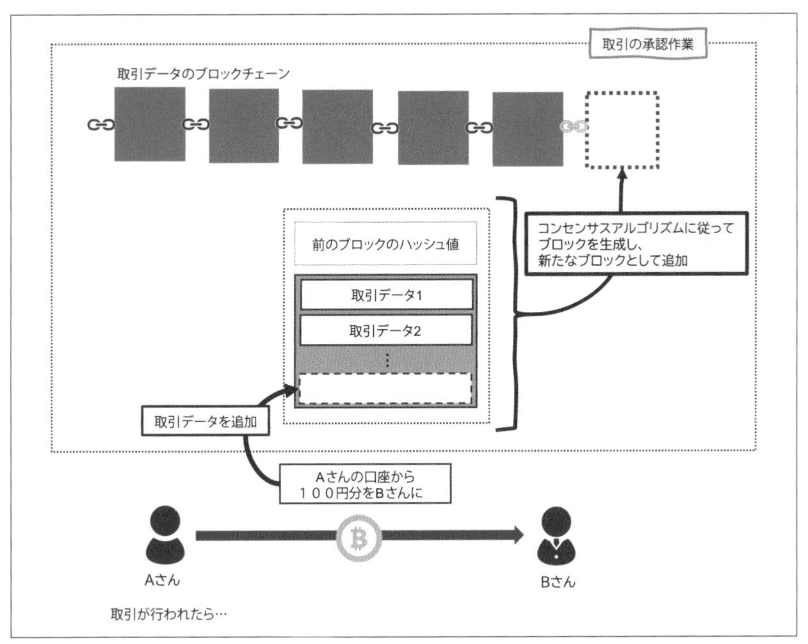

図1-9
ブロックチェーンのブロック生成のコンセンサス（合意）

このブロックを生成するプロセスとしてどのようなアルゴリズムを使用するかは、ブロックチェーンごとに変わってきます。選択するコンセンサスアルゴリズムが、各ブロックチェーンの思想や特徴を表しているともいえます。

コンセンサスアルゴリズムには、主に下記の4つがあります。

1. PoW（プルーフ・オブ・ワーク）
2. PoS（プルーフ・オブ・ステーク）
3. PoI（プルーフ・オブ・インポータンス）
4. PoC（プルーフ・オブ・コンセンサス）

それぞれについて、もう少し詳しくご紹介します。

1-5-2. 早く計算した人が報酬を得る「プルーフ・オブ・ワーク（PoW）」

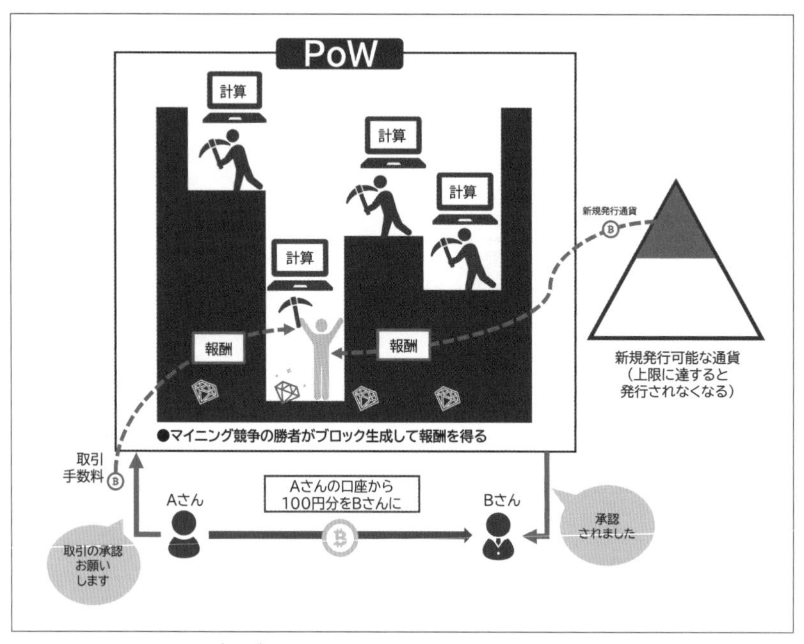

図1-10　PoWのアルゴリズム

「**PoW（Proof of Work、プルーフ・オブ・ワーク）**」は、世界初の暗号資産であるビットコイン（BTC）に使われているコンセンサスアルゴリズムです。ほかの多くのアルトコイン（ビットコイン以外の暗号資産）でも用いられています。

PoWでブロックを生成するには、たった1つの「ナンス（nonce）値」を探して、膨大な試行錯誤を繰り返さなくてはなりません。PoWを採用したブロックチェーンでは、ブロックを構成するハッシュ値は特定の条件を満たしている必要があります。そして、条件を満たすハッシュ値を得ることができるナンス値を探す作業を「マイニング（Mining、採掘）」、この作業を行う人たちを「マイナー（採掘者）」と呼びます。

たとえばビットコインの場合、ハッシュ値は指定された値（難易度）以下となるように条件が指定されます（難易度は2016ブロックごとに自動調整されます）。難易度は10分程度でマイニングが完了するように調整されています。

PoWでは、最も早く正解のナンス値を見つけた人がブロック生成の権利を得ます。ブロックを生成した人には、取引手数料が報酬として支払われます。また、ブロックが生成されると新規に通貨が発行され、それもブロックを生成した人の報酬となります（ただし、新規発行可能な通貨には上限があり、上限に達すると、それ以降新たな通貨は発行されません）。
世界中のマイナー（採掘者）たちは報酬獲得を目指して、高い計算能力を持つコンピュータを使い、ナンス値を探して、膨大な試行錯誤を繰り返す競争を繰り広げています。

PoWではこの競争で大量の高性能コンピュータを使うため、電力消費が多く、地球環境への悪影響も指摘されています。さらに、大資本を有する組織だけが事実上大規模なマイニング体制を整えられるため、マイナーの固定化とマイニングの中央集権化を招いているという面もあります。一方、このマイニングにはコストがかかるため、暗号資産の価格を保ちやすい・向上させやすいともいえます。

なお、ビットコイン以外でPoWを導入している暗号資産には、下記などがあります。

- ビットコインキャッシュ（BCH）
- ライトコイン（LTC）
- イーサリアムクラシック（ETC）
- モナコイン（MONA）
- ドージコイン（DOGE）

ところで、暗号資産の取引データは公開されており、例えばBlockchain.com（https://www.blockchain.com/explorer/）などで検索して閲覧することができます。各ブロックのハッシュ値なども見ることができるので、興味のある人は覗いてみてはいかがでしょうか。

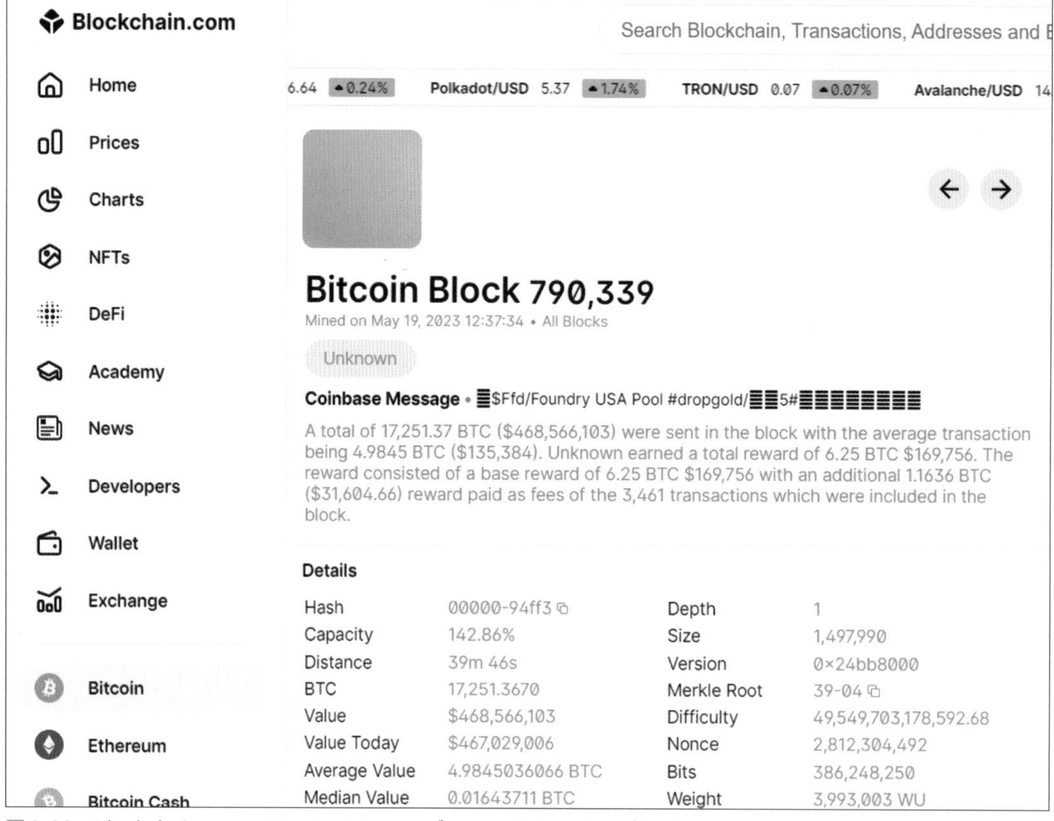

図1-11　Blockchain.comのサイト。Bitcoin ブロック番号790339（2023年5月19日 12:37:34採掘）のハッシュ値は「0000000000000000000035fec661855fc3228766cd83172ffd4d3f8d8bd994ff3」、ナンス値「2,812,304,492」とのこと

1-5-3. 多く保有している人が報酬を得る「プルーフ・オブ・ステーク(PoS)」

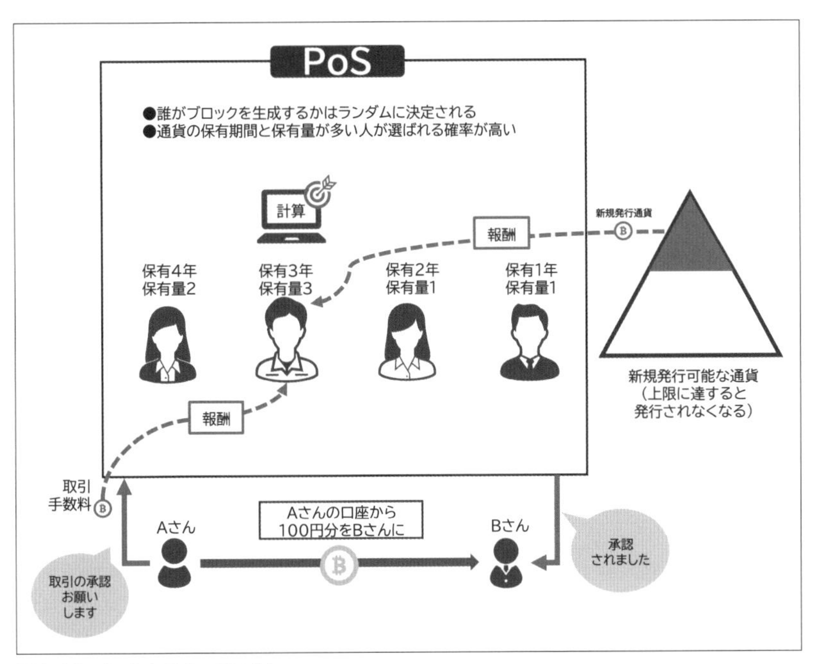

図1-12　PoSのアルゴリズム

「**PoS(Proof of Stake、プルーフ・オブ・ステーク)**」は、誰がブロックを生成するかはランダムに決定されるものの、通貨の保有(ステーク)する量が多いほどブロックを生成できる確率が高まるコンセンサスアルゴリズムです。

ビットコインの運営から見えてきた、電力消費量の多さやマイニングの中央集権化といったPoWの問題点を解決しようとしているのがPoSです。ビットコインの次に有名なイーサリアムは、もともとPoWを採用していたもののPoSに切り替えました。

PoSはPoWとは異なり、計算能力を使った競争が発生しません。同時に膨大な電力も不要なため環境に優しく、承認スピードも速いという特徴があります。

一方、PoSでは多くの暗号資産を長期間にわたって保有する方が有利なので、通貨の流動性が落ちやすいという面もあります。

なお、イーサリアム以外でPoSを導入している暗号資産には、下記などがあります。

- カルダノ(ADA)
- アトム(ATOM)
- テゾス(XTZ)

また、PoSの進化型ともいえるコンセンサスアルゴリズムに**DPoS(Delegate Proof of Stake、デリゲート・プルーフ・オブ・ステーク)**があります。

DPoSでは、PoSのように単純に通貨保有量の多い人が優先されるのではありません。通貨保有量の多い人が優先される投票を行うことで、ブロック生成者を決定します。

なお、DPoSはリスク(LSK)などで導入されています。

1-5-4. 流通に貢献した人が報酬を得る「プルーフ・オブ・インポータンス(PoI)」

「PoI(Proof of Importance、プルーフ・オブ・インポータンス)」は、流動性が落ちやすいPoSの発展型ともいえる方式です。PoIでは、保有量に加えて取引回数や取引量など、いくつかの指標からその通貨に対する保有者の「重要度(インポータンス)」をスコアリングし、その結果をもとにブロック生成者を決める方式となっています。

PoIはコンセンサスアルゴリズムとしては珍しく、暗号資産ネム(XEM)が唯一の採用例とされています。

保有者が通貨にとって有益で重要な存在なのかどうか、いくつもの視点からチェックされるため、PoSほど流動性が落ちる可能性は低いようです。

なお、ネムでは取引承認・ブロック生成の作業をマイニングやステーキングではなく、ハーベストと呼んでいます。

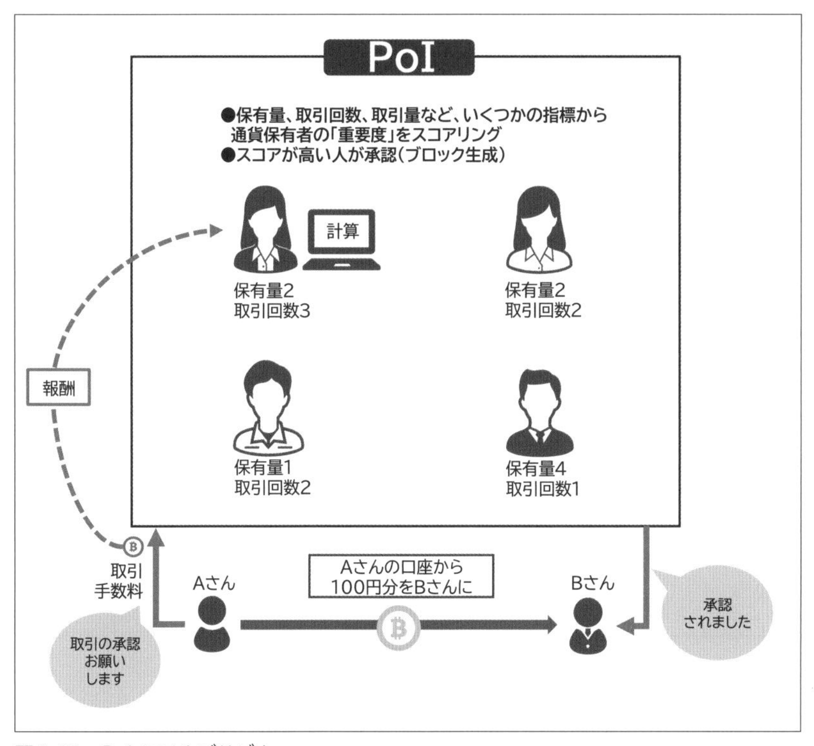

図1-13　PoIのアルゴリズム

1-5-5. 決められた機関が報酬を得る「プルーフ・オブ・コンセンサス(PoC)」

「PoC（Proof of Consensus、プルーフ・オブ・コンセンサス）」では、取引の承認作業を行うバリデーター（承認者）と呼ばれる特別なノード（ネットワークの接点）が承認作業をします。バリデーターの80%以上がトランザクションを承認すれば、取引ができるようになるのです。この点が、条件さえ満たせば誰でも取引の承認に関与できるコンセンサスアルゴリズムのPoW、PoS、PoIとは異なっています。

バリデーター同士が承認者として認め合うことによってネットワークが形成されているので、悪意のあるバリデーターによる不正行為を防ぐことができます。さらに、限られたバリデーターが承認作業を担当するため、処理スピードが速いというメリットもあります。

PoCを導入している暗号資産には、送金の速さもあって国際送金システムとして利用されるリップル（XRP）などがあります。

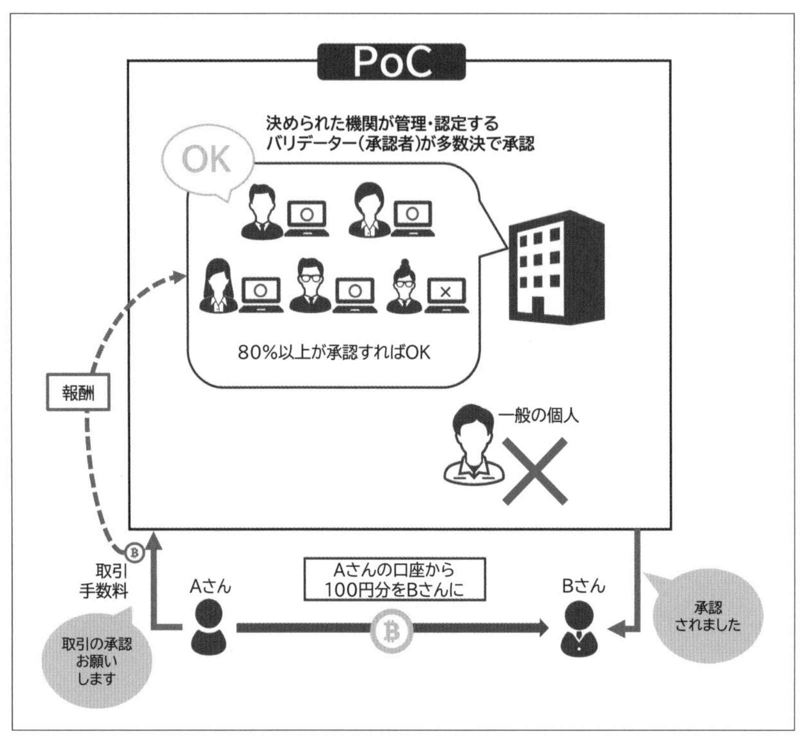

図1-14　PoCのアルゴリズム

第2章

次世代のWebである Web3とは？

2023年現在、多くの企業も注目しているWeb3について説明します！

2-1. Web3とは？

2-1-1. Web3はブロックチェーンによる分散型のWeb

何かと話題のWeb3は、ブロックチェーンによる分散型のWebです。ブロックチェーンを活用したWebサービスの総称としても使われます。

分散型の良い点は、特定の管理者に依存しなくて済むことです。例えば、中央集権的なGoogleという企業のプラットフォームであるYouTubeを利用する場合、Googleの規約に違反してしまうと（違反したとみなされてしまうと）、GoogleアカウントやYouTubeチャンネルの凍結・削除措置（BAN、俗にいう「垢BAN」）などをされることもあります。

YouTubeでビジネスをしている場合、そのGoogleによる一方的な措置は非常に大きなリスクとなります。仮にあなたがYouTubeで月収100万円の広告収入を得ていても、そのチャンネルが凍結・削除されてしまえば、その時点からあなたには一円も入って来なくなってしまいます。

そういったリスクを極力抑えたいという考えもあって近年急成長しているのがブロックチェーンによって実現するWeb3なのです。

ただ、プラットフォーマーによる中央集権的な構造が絶対的に悪いというわけではありません。

Googleのようなプラットフォーマーが提供・管理する便利なサービスを無料で使わせてもらえることは、上述のようなリスクがある一方で、メリットでもあります。

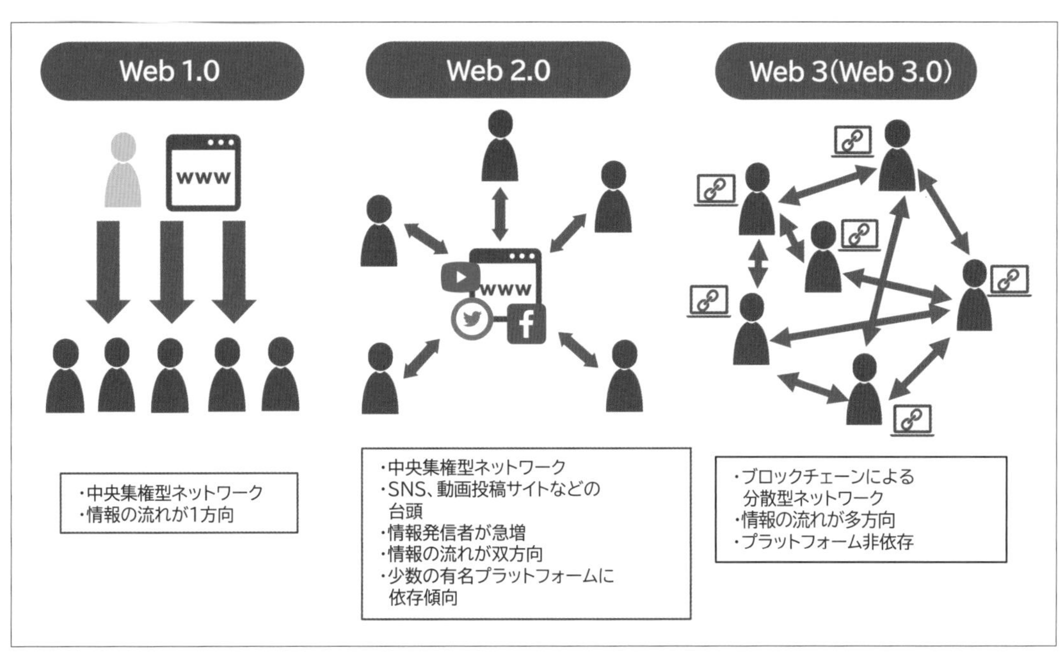

図2-1　Web1.0、Web2.0、Web3それぞれの特徴

2-1-2. Web3はクリエイターエコノミーをさらに発展させる

Web3は**クリエイターエコノミー**（アーティストやYouTuber、ゲーム配信者、ジャーナリストなど個人クリエイターの情報発信や行動によって形成された経済圏）をさらに発展させる可能性があります。クリエイターがGoogleのようなプラットフォーマーの一方的な措置というリスクを軽減できることに加え、自分の作品の権利を主張・保持しやすくなるからです。

例えば後述するNFTは、今まではコピーされ放題だったデジタルデータに従来にはなかった価値を付与します。NFT（デジタル資産がこの世に一つしか存在しないことを証明し、価値を持たせることができるデータ）がより一般的になり、活用できるプラットフォームが増えれば、そのデータ（作品）の価値はさらに高まるでしょう。

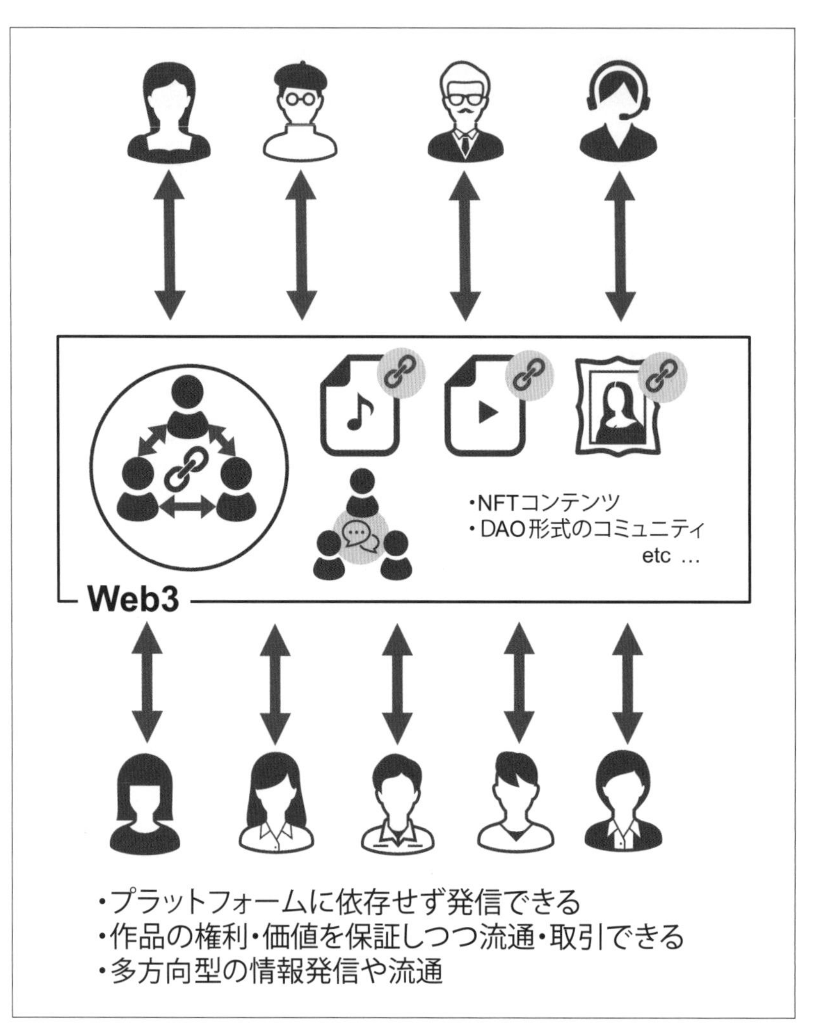

図2-2　Web3のクリエイターエコノミー

2-1-3. Web3が消費者にもたらすメリット

活用できるプラットフォームが増えることは、消費者にとってもメリットとなります。

例えば、私が小学生の頃（ゲームボーイカラーからゲームボーイアドバンス時代）に夢中になっていたゲーム『ポケットモンスター』を題材に、プラットフォームが増えるとどうなるかイメージしてみたいと思います。
今は仕様が異なるかもしれませんが、当時は、旧ソフトで手塩にかけて育てたポケモンを、最新版のソフトに引き継ぐことはできませんでした。つまり、何十時間もかけてレベル100にしても、珍しい色違いのポケモンをゲットできたとしても、新しいソフトが発売されて旧ソフトで遊ばなくなれば、そのポケモンたちは大して価値のないものになってしまっていました。
しかし、もしも新しいソフトに、あるいはポケモンシリーズではない全く別のゲームにもデータを引き継いで遊べるとしたら、どうでしょうか？
手塩にかけて育てたポケモンたちの活躍の場が増えて、長く遊び続けられるようになります。自分（消費者）にとってポケモンたちの価値はもっと大きくなるのではないでしょうか。

また、さらに、そのポケモンがNFTとして価値を認められるようになったとしたらどうでしょうか？
売買して利益を出すこともできますし、友達に譲渡することもできます。
さらに、高級腕時計のロレックスのように親から子へ、子から孫へ受け継ぐこともできますし、そのポケモンの譲渡が所得税や相続税の対象となることもあるかもしれません。

これはまだ妄想に近い例え話ですが、こんなふうに活用できるプラットフォームが増えることで、あなたの持つデジタルデータの価値はどんどん高まっていくかもしれません。
Web3はこんな未来を実現する可能性を秘めているのです！

続いて、NFTを含め、Web3のキーワードについて解説します。

2-2. Web3のキーワード

ここでは、多くの企業も注目しているWeb3のキーワードをいくつかご紹介します！ Web3時代を楽しく生き抜くため、まずはこれらキーワードの概念を理解し、少しずつ利用してみるとよいでしょう。

2-2-1. Web3のキーワード①
暗号資産（仮想通貨）

まずはお馴染みの**暗号資産（仮想通貨）**です。なお本書では、一般に馴染みのある「仮想通貨」ではなく国の文書などで使われる「暗号資産」という表記を用います。

暗号資産という言葉自体の意味はわからない人でも、「ビットコイン」という名前は聞いたことがあるのではないでしょうか？

最初は「なんだか怪しい」と思っていた人が多かったですが、ビットコインをはじめとする暗号資産を投資対象として、または決済手段として、保有している人も増えています。

そもそも暗号資産とは、電子データのみでやりとりされる通貨（財産的価値）のことです。また、中央銀行が発行する法定通貨ではありません。「資金決済に関する法律」においては、次の性質をもつものと定義されています。

（1）不特定の者に対して、代金の支払いなどに使用でき、かつ、法定通貨（日本円や米国ドルなど）と相互に交換できる
（2）電子的に記録され、移転できる
（3）法定通貨または法定通貨建ての資産（プリペイドカードなど）ではない

暗号資産は、利用者の需給関係などのさまざまな要因によって、大きく価格が変動する傾向にあります。

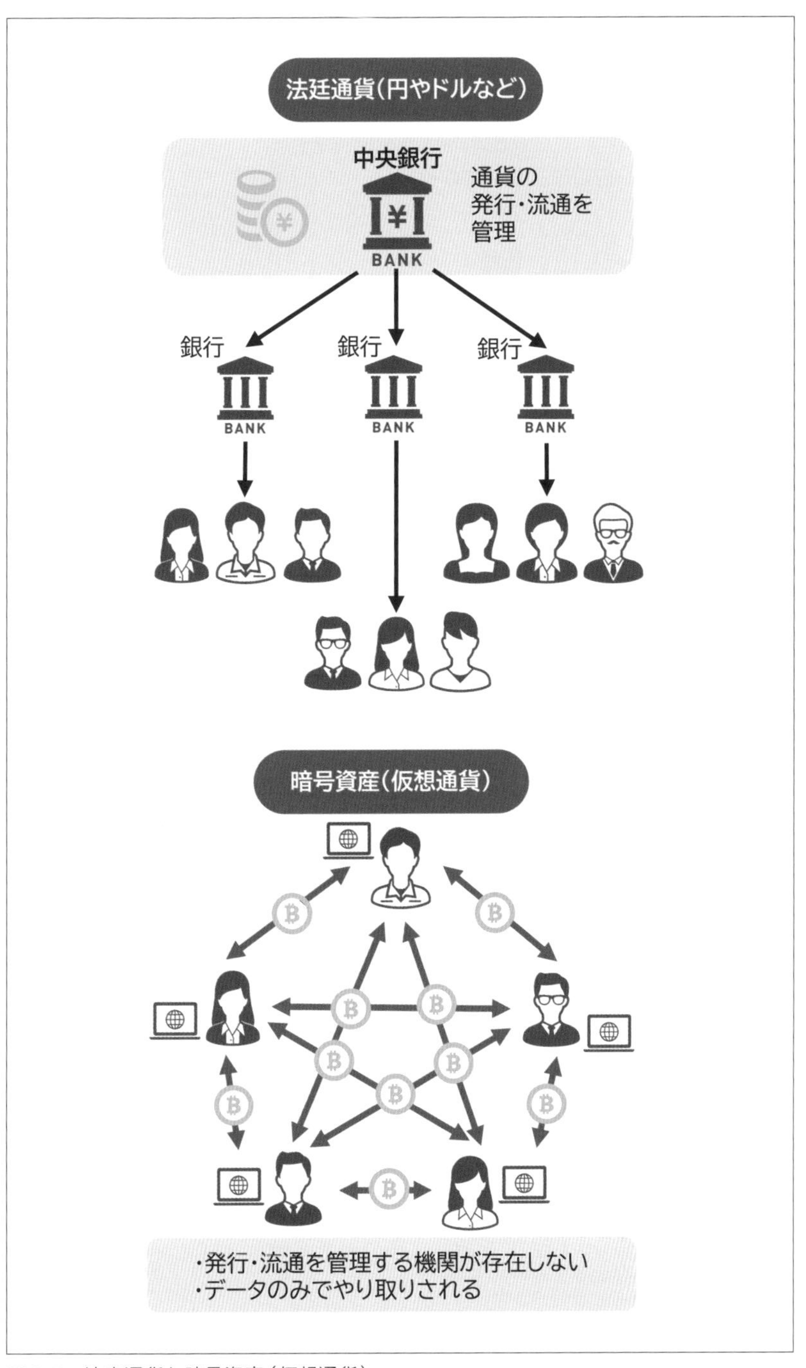

図2-3　法定通貨と暗号資産(仮想通貨)

第2章

そのため暗号資産は、まだまだ法定通貨ほど扱いやすいものではありません。一方で、日常的に利用される日が近づいているともいえます。

例えば、楽天ペイでは、ビットコイン(BTC)、イーサリアム(ETH)、ビットコインキャッシュ(BCH)といった暗号資産を、楽天キャッシュとして利用できます。

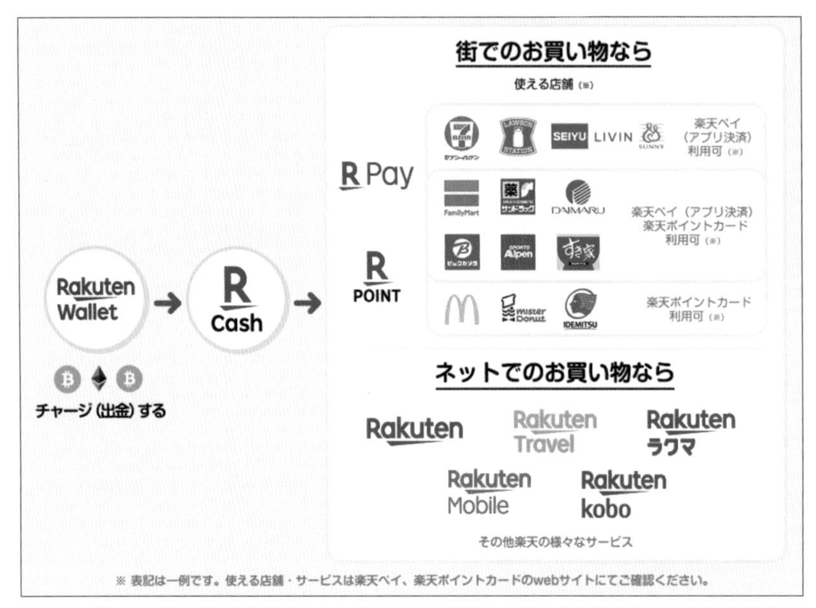

図2-4　様々な暗号資産が楽天キャッシュとして利用できる(画像は2021年2月時点の情報、Copyright © Rakuten Payment, Inc.)

また、メタバース(インターネット上の仮想空間。詳細は後述します)での経済活動が盛んになるにつれて、メタバースで暗号資産を獲得し、それを法定通貨に換金して生活費にするという人も増えてくるでしょう。所得の低い国の人が所得の高い国に出稼ぎに行くように、様々な人がメタバースに出稼ぎに行くイメージですね。

さらに、DAO(ブロックチェーンによって成立する、事業及びプロジェクトの運営組織。詳細は後述します)で働くことが一般的になれば、暗号資産のみで給料をもらうことになるかもしれません。そうなったら、いちいち換金するのは大変なので、暗号資産でそのまま利用できるサービスも増えるでしょう。

2-2-2. Web3のキーワード②NFT

NFTはNon-Fungible Tokenの略で、日本語では**非代替性トークン**といいます。簡単にいうと、あるデジタル資産がこの世に一つしか存在しないことを証明できるデータです。

従来、デジタルデータはコピーし放題で、何が元のデータなのか証明することは困難でした。しかしNFTであれば、見た目が同じでも本物と偽物を明確に区別することができます。さらに、データの作成者と所有者を記録することもできます。

このNFTの性質により、今まで自分のデジタル作品に十分な価値を付与できていなかったクリエイターも、より適正な評価を受けやすくなります。

また、NFTはメタバース内での価値の移転をスムーズにします。例えば、あなたのアバターが着ている服がNFTであれば、その服は唯一無二のものとして価値を認められやすくなります。
さらに、「世界に1つしかない」「有名人が過去に所有していた」「高級ブランドがデザインした」など、そのNFTにプレミアがつけば、需要が高まり、価格が上がることも考えられます。あなたはその価値の高いNFTを持っていることを自慢できますし、他者に売却してその対価を受け取ることもできます。

NFTでなければ、その(デジタルの)服が本当に価値の高いものなのかを容易に証明できず、スムーズな価値の移転も難しいでしょう。

NFTアート作品が数億円、数十億円で売却されたというニュースを聞き、NFTはアート向けという印象を持っている人は多いかもしれません。しかし、実は非常に様々な分野・業界・用途で活用できる**トークン**となっています。
例えば、前述のNFTファッションやNFT音楽といった利用分野や、会員権の証明書としての活用用途などがあります。

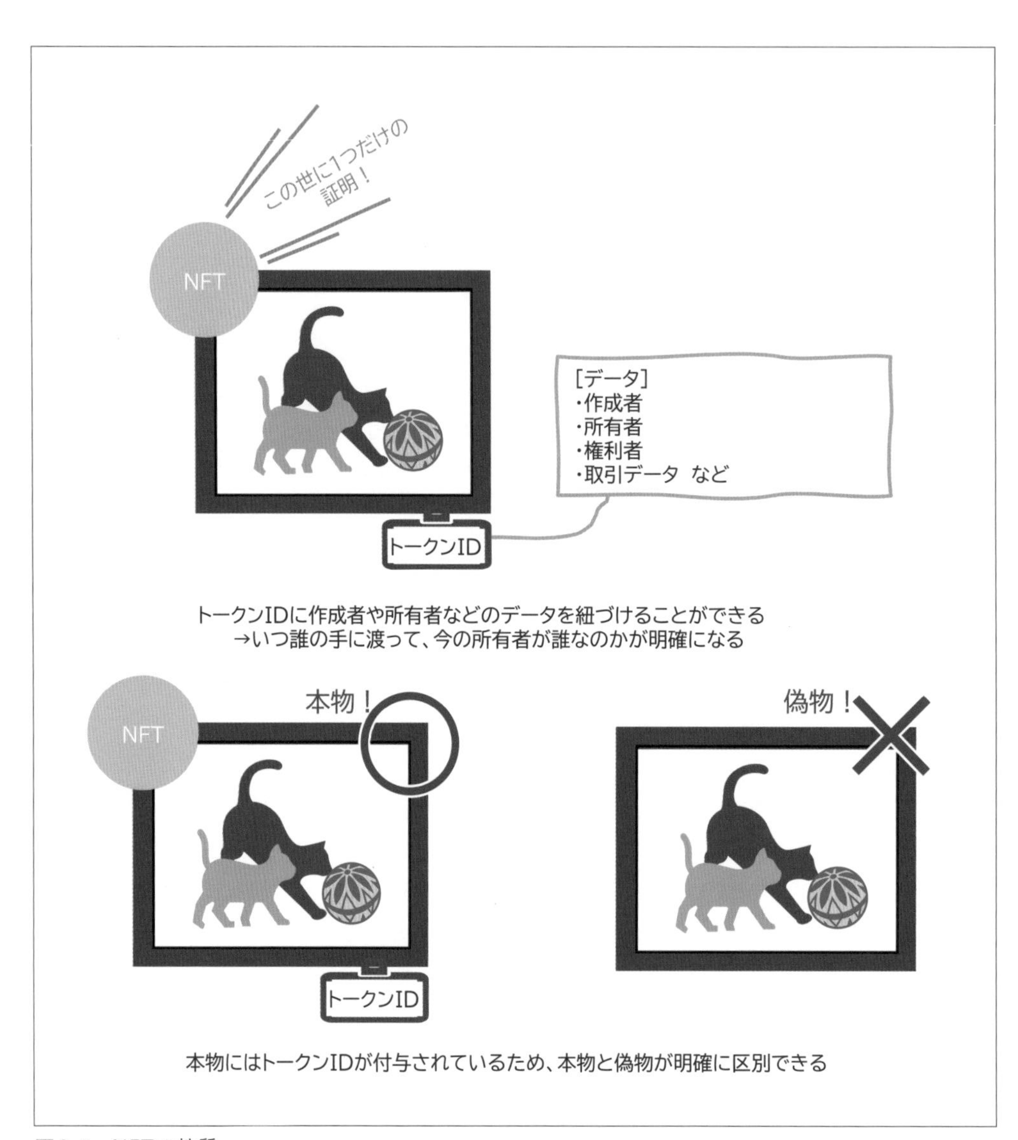

図2-5　NFTの性質

参考文献

- 『図解ポケット NFTがよくわかる本』(拙著, 秀和システム, 2022年2月)

2-2-3. Web3のキーワード③X to Earn

NFTの出現により、「X to Earn」(Xして稼ぐ)サービスが多数登場しています。これらは、何らかの活動をすることで、暗号資産やNFTを報酬にもらえるサービスのことです。

なお、Game(ゲーム)とFinance(金融)を合わせてGameFi(ゲームファイ、ゲーミファイ)ということもあります。

「X to Earn」には下記などがあります。

- Play to Earn(遊んで稼ぐ)
- Move to Earn(動いて稼ぐ)
- Excercise to Earn(運動して稼ぐ)
- Learn to Earn(学んで稼ぐ)
- Sleep to Earn(寝て稼ぐ)
- Listen to Earn(聴いて稼ぐ)

例えば、Move to Earnのサービスでは、歩くだけで暗号資産を獲得できるアプリ「STEPN(ステップン)」が日本でも大きな話題となりました。歩くだけで暗号資産がもらえるなんて、革命的ですね!(なお、STEPNのNFTスニーカーを保有していることが利用条件です)

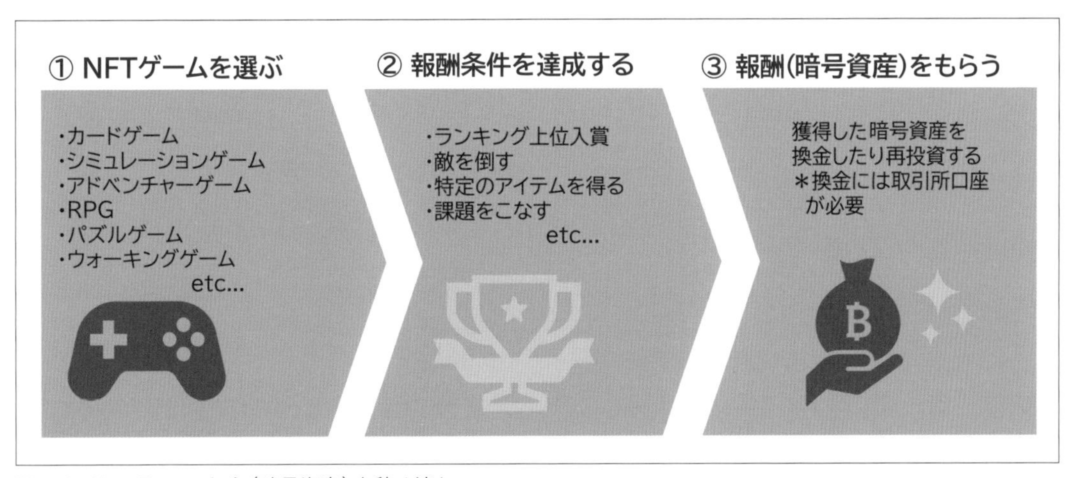

図2-6 X to Earnでお金(暗号資産)を稼ぐ流れ

そんな革命的な働き方が次々と実現しているのがWeb3の世界です。ある子供のYouTuberが何億円も広告収入を得たのと同じくらい、Web3の世界でも従来の常識を覆す事例が多く生まれてくるかもしれません。ぜひ気になるX to Earnを始めてみましょう！

一方で、「X to Earn」サービスには、いくつか課題もあります。例えば、初期費用がかかるため、結果的に損をしてしまう可能性があります。これは株や不動産の投資と同じで、自分が投資（出資）すべき案件（ゲーム）をしっかり見極める必要があります。また、詐欺のようなプロジェクトが存在することも事実ですので、評判や運営者の情報を調べて取り組むことをおすすめします。

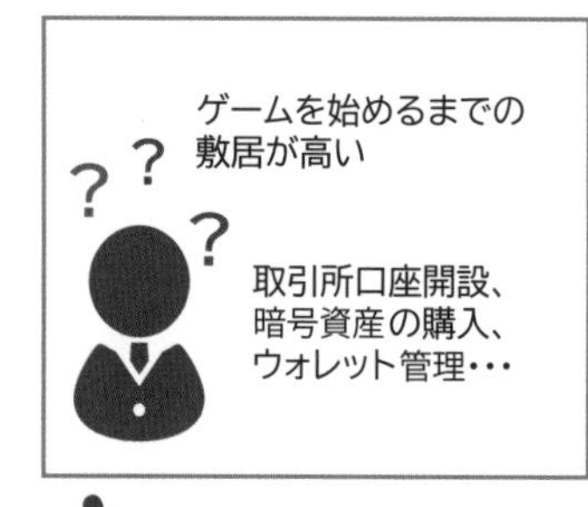

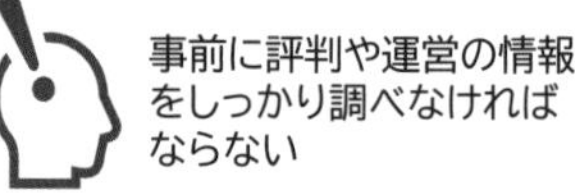

図2-7　X to Earnの課題

2-2-4. Web3のキーワード④DAO

DAOはDecentralized Autonomous Organizationの略で、日本語では「分散型自律組織」と訳されます。DAOはブロックチェーンによって成立する仕組みです。その名の通り、DAOには中央管理者がおらず、参加者間で自律的に管理・運営されます。

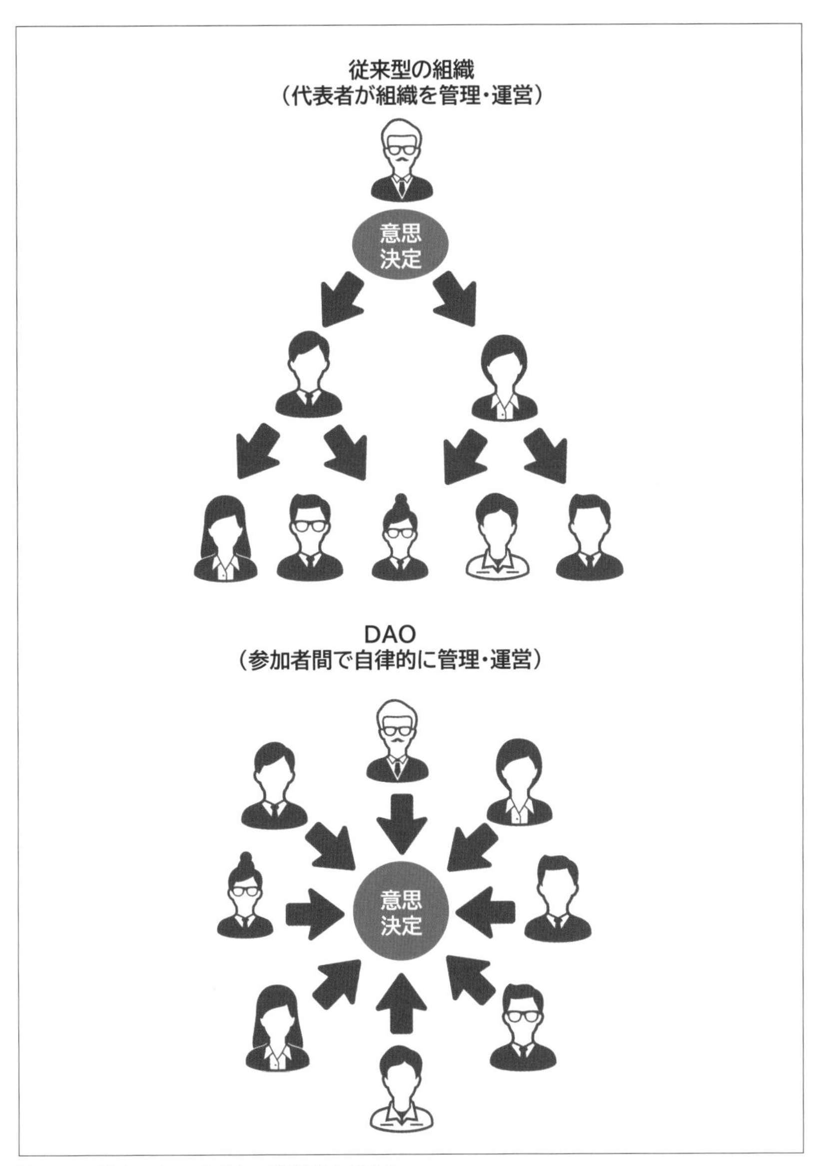

図2-8 従来のトップダウン型組織とDAO

またDAOは、”新時代の株式会社”のようにいわれることもあります。今後は設立や運営に手間のかかる従来の会社を設立するのではなく、手軽にDAOを設立して事業運営を行う人が増えていくかもしれません。

DAOの意思決定に関わるには「**ガバナンストークン**」を保有する必要があります。このトークンを保有すれば、DAOの組織運営に対する提案をしたり、意思決定に関わる投票に参加したりする権利を得られるのです。

この決定は、**スマートコントラクト**により自動で実行されるため、多数決で決まったことは誰がなんといおうと自動で実施されることになります。こういった性質から、DAOは”真に民主的な仕組み”であるともいえます！

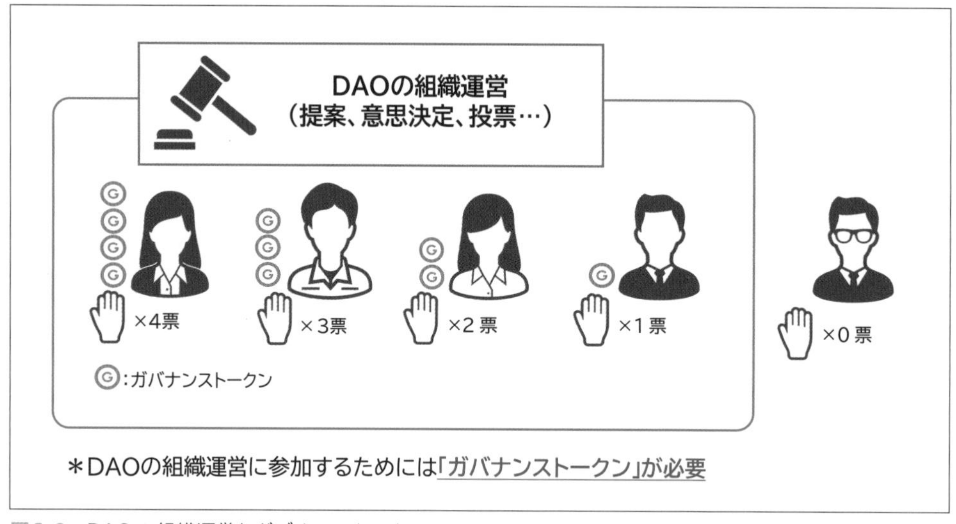

図2-9　DAOの組織運営とガバナンストークン

また、DAOの参加者は自分のトークンの価値を上げるために、その組織自体の価値を上げようと（理論上）行動するようになります。つまり、DAOは自律的な組織運営が促されやすい仕組みなのです。日本でも今後広まっていきそうですね！

参考文献

- 『図解ポケット DAOがよくわかる本』（拙著，秀和システム，2022年10月）

2-2-5. Web3のキーワード⑤DeFi

DeFi（ディファイ、ディーファイ）とは、Decentralized Financeの頭文字を取って略したもので、日本語では**分散型金融**と訳されます。

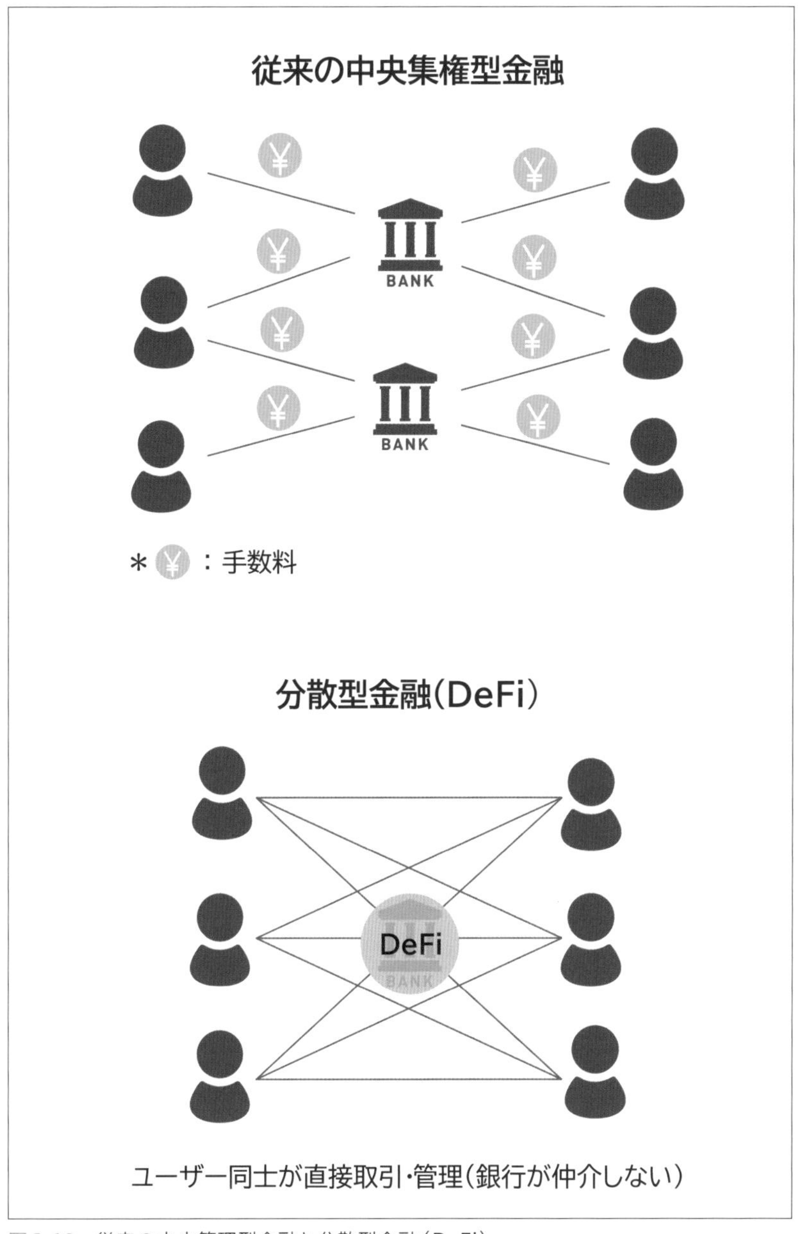

図2-10　従来の中央管理型金融と分散型金融（DeFi）

その名の通り、銀行や政府といった中央管理者がいない金融システムで、ユーザー同士が直接取引や管理を行う仕組みとなっています。
前述のスマートコントラクトというブロックチェーンの仕組みが活用され、取引の承認や記録が自動的に行われているのです。
そのため、銀行や保険会社、証券会社を不要にする仕組みなどといわれることもあります！

DeFiにはまだ未熟な点もありますが、銀行などが仲介しないため取引の時間を短縮できると同時に、手数料が削減できることが期待されます。
またDeFiは、ブロックチェーンを活用して自律分散的に運営されていることから、DAOの一形態ともいえます。

なお、日本ではほとんどの人が、銀行やその他金融サービスを利用することができますが、信用力の低さからそもそも銀行口座すら作ることができない人の多い国もあります。そういった金融の不平等を解消する可能性がある点でも、DeFiは注目されています。

このようにDeFiのビジョンは壮大なものですが、DeFiは資産運用の面から注目されやすいのが現状です。DeFiを活用した資産運用方法には、暗号資産を預け入れることで報酬を得る**流動性マイニング**などがあります。

DeFiの利用方法など、第5章で詳しく解説します。

2-2-6. Web3のキーワード⑥メタバース

「**メタバース**」という言葉自体はよく聞くものの、まだ明確な定義が定まっていないと言えます。また、ブロックチェーンを活用したWeb3のメタバースばかりでなく、VRChatやClusterなど、ブロックチェーンが基盤ではないメタバースの活用も近年進んでいます！

「メタバース」という言葉は、一般的に「自身のアバターが活動できるインターネット内の仮想空間」のように認識されています。
メタバース（Metaverse）とは、英語の「Meta（超越した）」+「verse（世界）」からくる造語で、Metaverseという言葉が初めて使われたのは、アメリカの作家、ニール・スティーヴンスンによる小説『Snow Crash』(1992年発刊のSF小説。日本語版は早川書房から『スノウ・クラッシュ〔新版〕』上下巻が刊行されています)の中だといわれています。

メタバースは、2021年10月にFacebookが社名をMeta Platformsに変更したことで急激に注目されるようになりましたが、言葉や概念は30年ほど前から存在していたのです。

ちなみに、VR空間のみをメタバースと見なす人もいますが、VRヘッドセットがなくても楽しめる画面上の仮想空間をメタバースと呼ぶ人もいます。

このように、2023年現在では、その人それぞれの立場や主張によって、メタバースという言葉が表す範囲や意味は変わってきます。NFTと同様、メタバースも非常に注目されているバズワード(特定の期間や分野の中でとても人気となった言葉)のため、マーケティングの一環でNFTやメタバースという言葉がとにかく盛んに使われる傾向にあるのです。

メタバースは、狭義ではVRヘッドセットを使って利用する没入感の高い3次元の仮想空間のみを指すことになりそうですが、本書ではPCやスマホの画面上(2次元)に存在する仮想空間も含めてメタバースと呼ぶことにします。

2023年現在、ブロックチェーンを活用したWeb3のメタバースは、VRゴーグルを利用しないものが主流となっています。こういったメタバースでは、暗号資産やNFTが重要な要素となっています。

メタバースが近年再ブームとなっているのは、ブロックチェーンを活用したメタバースの誕生や、暗号資産・NFTを活用した経済活動の始まりなど、Web3の到来も一因といえます。

参考文献

- 『図解ポケット メタバースがよくわかる本』(拙著, 秀和システム, 2022年6月)

調べてみよう！

ブロックチェーンやWeb3関連のキーワードは、本書で紹介した以外にも沢山あります。
ここでは、もう一歩進んで知識を深めるために知っておきたい用語をピックアップしました。
ぜひ、ご興味に応じて調べてみてください！

●ブロックチェーン関連のキーワード

- 分散型台帳技術（DLT、Decentralized Ledger Technology）
- 公開鍵
- 秘密鍵
- パブリックブロックチェーン
- プライベートブロックチェーン
- コンソーシアムチェーン
- ジェネシスブロック
- クロスチェーン
- レイヤー1、レイヤー2
- インターオペラビリティ（Interoperability）

●Web3関連のキーワード

- 分散型アプリケーション（DApp）
- 分散型ID（DID）
- トークンエコノミー
- ステーブルコイン
- SFT（Semi-Fungible Token）
- SBT（SoulBound Token）

第3章

Web3のサービスを利用する際の注意点

暗号資産の黎明期にも怪しい投資詐欺が流行りましたが、2023年現在も、しっかりと知識を身につけないと、NFTやメタバースなど流行りの言葉を使った投資詐欺に遭ったり、資産を盗まれたりする危険性があります。

3-1. 常にDYOR

Web3のサービスに限りませんが、よく理解できない話を安易に信じず、自分でネットで調べる（DYOR、Do Your Own Research）ことはとても重要です！

相手が良い人であれば、必要な情報を教えてくれるかもしれませんが、相手が悪い人であった場合は言葉巧みにあなたの個人情報を聞き出したり、怪しい案件にお金を出させたりするかもしれません。

特に、ウォレット（暗号資産やNFTを保管・やりとりするアプリ）のSecret Recovery Phrase（後述）など超重要な情報は絶対に他人に教えてはいけません。怪しいWebサイトに自分のウォレットを接続するのも危険です。

インターネットで検索したり本で調べることで、暗号資産やNFTに関する多くの情報を簡単に得ることができます。
怪しい情報に騙されない知識や情報を身に付けるためにも、まずは1分でも2分でもいいので、自分で調べる習慣をつけましょう。
それがあなたの身を守ることにつながりますし、自分で調べる力を身につけることで、この激動の時代を生き延びやすくなるでしょう！

3-2. 偽サイトに注意

Web3のサービスに限りませんが、偽サイトに重要な情報を入力するのは絶対に避けたいところです。

従来でも、メガバンクのネットバンキングや百貨店のECサイトなど、誰もが知っているような銀行や通販サイトに似た画面を用意し、本物と信じさせてメールアドレスやパスワードを入力させることはよくありました。

あなたもリンク付きのSMSやメールで、偽サイトに誘導されそうになった経験をお持ちかもしれません。

その場合、お金を盗られるだけでなく、あなたの個人情報が色々な手段で悪用されてしまうかもしれないのが怖いところです。

後述するMetaMaskというウォレットやOpenSeaというNFTマーケットプレイスなど、著名なWeb3サービスの偽サイトの存在も報告されています。うっかりログイン情報を入力してしまうと危険です。公式サイトかどうか、しっかりとURLを確かめてから活用するようにしましょう！

特に、怪しいブログ記事や掲示板、海外ユーザーからのSNS上のダイレクトメッセージ（DM）などに記載されたURLは、クリックするとしてもしっかり確認してからクリックするようにしましょう。

3-3. 余剰資金でリスクを取る

何事にもリスクはつきものです。もちろん、Web3のサービスも例外ではありませんし、この超低金利かつインフレ率の高い時代に日本円だけ持つのもリスクです。

後述のDeFiで資産を運用したり、Play to EarnやMove to Earnアプリで暗号資産を獲得しようとする場合、元手となる暗号資産を用意する必要があります。つまり、投資をすることになります。
株やFXでは、基本的に投資は余剰資金で行うことが推奨されますが、暗号資産の場合ももちろん余剰資金で行うのがおすすめです。

2022年前半にブームになったMove to EarnアプリのSTEPN（後述）では、一時期月利100%以上で資金を運用することができました。つまり、計算上は1ヶ月で資金を回収できたということです。うまくNFTの生成・売買をすることで、1週間程度で資金を回収することができた人もいました！

この状況はある程度続くと思われましたが、多くのユーザーの予想よりも早くSTEPNのNFTやSTEPNで獲得できる暗号資産の価格が大幅に下がってしまい、辛酸を舐めた人も多くいました。

たしかに、良いタイミングで借金してSTEPNに参入すれば、借金したとしても元本も利息も楽勝で返済し、さらに大きな報酬を得られる可能性もありました。しかし、そういった勝負に挑むのは万人におすすめできるものではありません。

「なんとなくいけそう」というあまり根拠のない自信で必要以上のリスクを取るのはギャンブルですので、Web3のサービスに資金を投入する際も、余剰資金のみにしておくことを強くおすすめします！

3-4. アンテナは高く、常に行動

Web3の世界では移り変わりが激しいです。STEPNなどのように、数ヶ月間は大きく盛り上がったと思ったら、急に勢いが落ちてしまうサービス・プロジェクトも多いです。そして、一度勢いが落ちても、見事にまた盛り上がる可能性もあります。

また、一度でも盛り上がればよい方で、盛り上がるように見えて、実際は全然盛り上がらないものも多々あります。

一方、Web3の世界は移り変わりが激しいということは、何度も何度も様々なチャンスがやってくるということでもあります！それはサービスを作る側にも、利用する側にもいえます。

特に利用者として、上手くチャンスを掴んで先行者利益を得るためには、アンテナを高く保ち、常に情報収集して、いろいろと挑戦してみることです！

やろうやろうと思って1週間放置していると、気づいたら大きなチャンスを逃していた、ということにもなりかねません。

幸い、今の時代は様々な発信者がいますので、SNSやYouTubeで情報収集し、「これだ！」と思ったら早めに行動するといいでしょう！

本書を読んでいただいているあなたには釈迦に説法ですが、待っていてもチャンスは基本的に向こうからやってこないです。そのため、自分で掴みに行く積極性がこれからの時代はますます重要になります！

調べてみよう！

ブロックチェーンやWeb3関連の知識・情報を学ぶのに役立つ書籍やサイトをピックアップしました。
ぜひ、ご興味に応じて参考にしてみてください！

●参考になる書籍

筆者が実際に読んで参考になった書籍：

- 『NFTの教科書』(2021／天羽健介［著］、増田雅史［編］／朝日新聞出版)
- 『メタバース進化論』(2022／バーチャル美少女ねむ［著］／技術評論社)
  ※Web2.0のメタバースが中心です
- 『メタバースとは何か』(2022／岡嶋裕史［著］／光文社)
  ※Web2.0のメタバースが中心です
- 『Web3とDAO』(2022／亀井聡彦、鈴木雄大、赤澤直樹［著］／かんき出版)
- 『シンNFT戦略』(2022／甲斐雄一郎［著］／宝島社)
- 『ブロックチェーンゲームの始め方・遊び方・稼ぎ方』
  (2021／廃猫(@hainekolab)［著］／技術評論社)

筆者のWeb3、メタバース関連の著書・監修書：

- 『図解ポケット デジタル資産投資 NFTがよくわかる本』(2022／秀和システム)
- 『図解ポケット メタバースがよくわかる本』(2022／秀和システム)
- 『図解ポケット OODAがよくわかる本』(2023／小澤隆博［著］、筆者［監］／秀和システム)
- 『図解ポケット デジタルデータを収益化！ NFT実践講座』
  (2022／小澤隆博［著］、筆者［監］／秀和システム)
- 『図解ポケット バーチャル経済を制する！メタバース実践講座』
  (2022／工藤大河［著］、筆者［監］／秀和システム)
- 『図解ポケット 次世代インターネットWeb3がよくわかる本』
  (2022／田中秀弥［著］、筆者［監］／秀和システム)
- 『図解ポケット 次世代プラットフォーム イーサリアムがよくわかる本』
  (2022／廣田章［著］、筆者［監］／秀和システム)

●参考になるWebサイト

- CoinMarketCap　https://coinmarketcap.com/ja/
- CoinDesk　https://www.coindeskjapan.com/
- CoinPost　https://coinpost.jp/
- Cointelegraph　https://jp.cointelegraph.com/

第4章

暗号資産を買ったり送ったりしてみる

ここからは実践編として、まずは暗号資産を買ったり送ったりしてみる手順をご紹介します。Web3のサービスを利用する際には基本的な手順ですので、しっかり慣れておきましょう！
なお、暗号資産（仮想通貨）というと投機的なイメージが強いかもしれませんが、必要以上に身構える必要はありません。Web3のサービスを利用するためには必要なツールとなります。まずは1,000～10,000円程度の暗号資産の利用から始めてみるのがおすすめです。

4-1. 暗号資産の買い方

日本円で暗号資産を買うには、まず暗号資産取引所の口座を開く必要があります。

今までまったく暗号資産に触れたことのない人にとっては少しハードルが高いかもしれませんが、銀行口座や株・FXの取引口座を作るのと同じようなイメージなので安心してください。

証券会社に行ったり、電話をかけたりすることなく、ネットで簡単に口座を作ることができます！

本人確認書類（免許証やパスポートなど）のほか、本人名義の銀行口座、メールアドレス、スマートフォンなどが必要です

図4-1　暗号資産取引所の口座を開くために必要な準備

日本円で暗号資産を買うまでの基本的な流れは、以下のようになります。

1. 国内の暗号資産取引所のWebサイトへ
2. 無料で口座を開設するページへ
3. 名前や住所など必要事項を記入
4. 免許証やパスポートで本人確認
5. 口座の開設を完了
6. 日本円あるいは暗号資産を入金
7. 暗号資産を購入

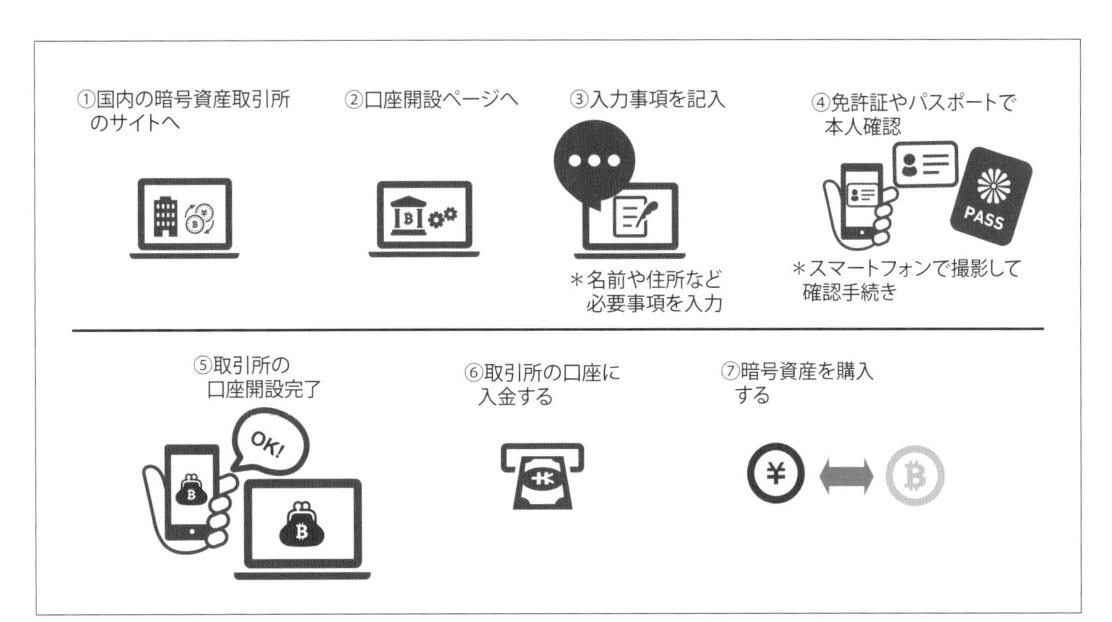

図4-2　口座開設から暗号資産購入までのステップ

続いて、この流れについて例を用いてご紹介します！ また、他にいくつか知っておいたほうがいい点についてもお伝えします。

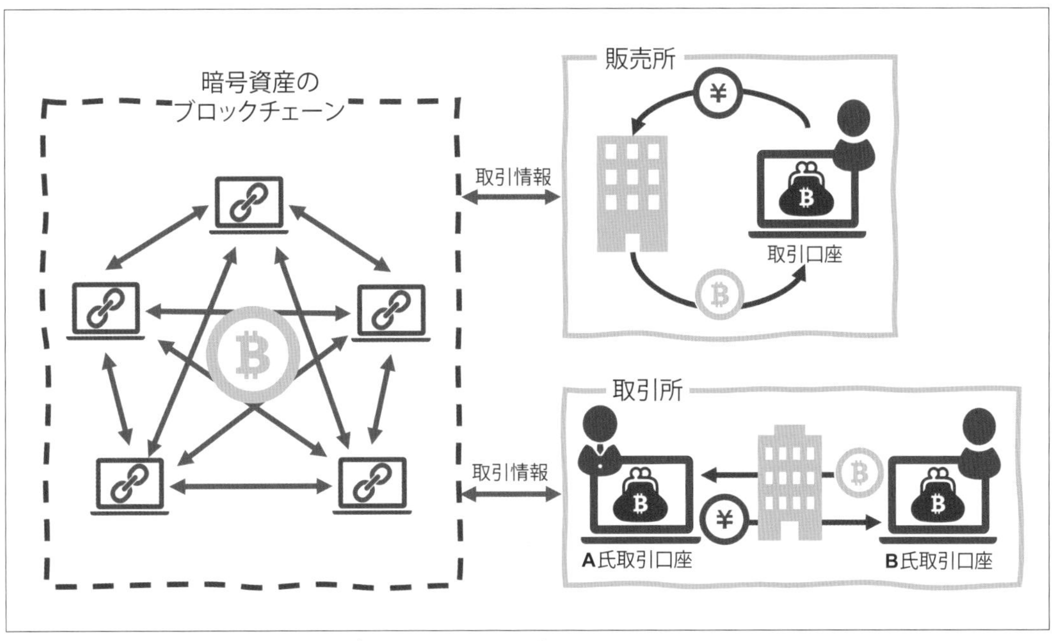

図4-3　暗号資産の販売所・取引所とブロックチェーンの関係

4-2. 初心者におすすめな暗号資産取引所

日本国内だけでも暗号資産取引所はたくさんあります。最初はどれを選んでいいかよくわからないかもしれません。

そのため、よく使われている取引所を下記にいくつかご紹介します。

1. コインチェック
2. ビットフライヤー
3. GMOコイン
4. ビットポイント

それぞれ特徴はあるものの、ユーザー数の多いメジャーな取引所であれば基本的な機能に大差はありません。あなたの取引したい通貨が取り扱われているかどうかなどの視点で選ぶのもいいでしょう。

ここでは、STEPNでも利用するSolana（ソラナ、SOL）という暗号資産も取り扱っているGMOコインを例に、口座開設から取引の仕方までご紹介します！

なお、GMOコインは東証プライムに上場しているGMOインターネットグループのグループ会社であり、安心感があります。

GMOコインの口座は次のステップで開設できます。

1. 公式サイトの口座開設フォームからメールアドレスの登録
2. パスワードと2段階認証の入力
3. 個人情報の入力
4. 本人確認の手続き
5. 口座開設コードの入力

では、GMOコインの口座を開設してみましょう！

4-3. GMOコインの口座を開設する手順

1. GMOコインの公式サイトを開く

GMOコインの公式サイト（https://coin.z.com/jp）を開きましょう。

図4-4　GMOコインの公式サイト

2. 口座開設フォームからメールアドレスの登録

メールアドレスを入力しましょう。そして届いたメールを開きます。

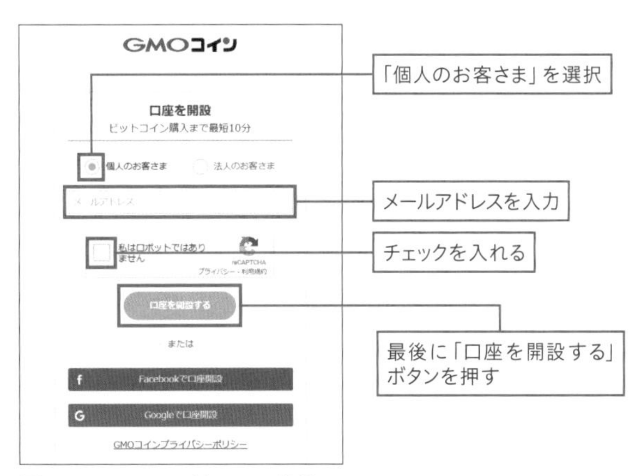

図4-5　メールアドレスの登録

第4章

3. パスワードと2段階認証の入力

届いたメールに記載のURLを選択するとパスワード設定画面が表示されます。任意のパスワードを入力しましょう。パスワードの設定をすると、2段階認証の設定画面となります。2段階認証に使用する電話番号を入力し、[コードを送信]を選択します。そして、送信された2段階コードを入力し、[認証する]を選択します。

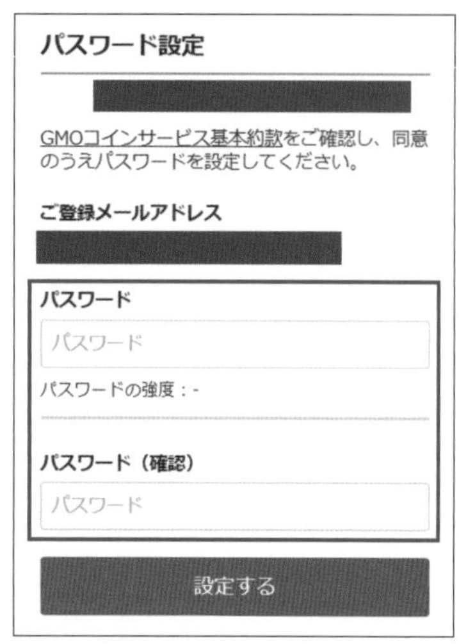

図4-6　パスワードの設定

4. 個人情報の入力

GMOコインにログインできたら、画面の案内に沿って名前や住所など個人情報を入力します。安全に利用するために必要な情報となります。

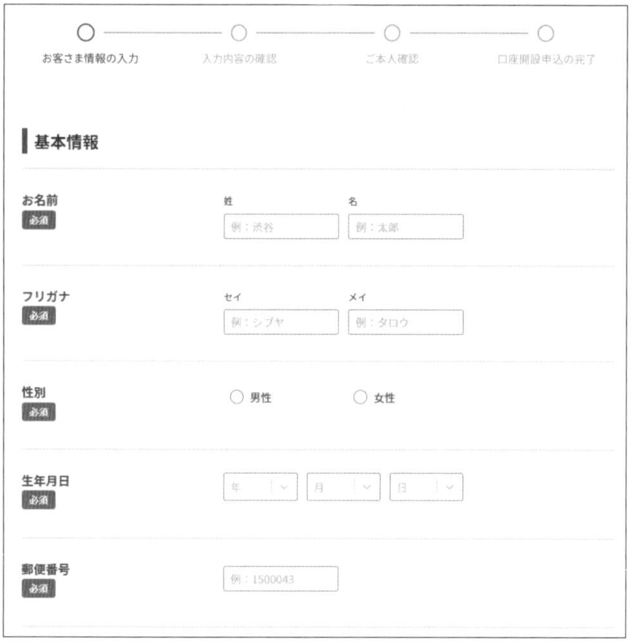

お客さま情報の入力　入力内容の確認　ご本人確認　口座開設申込の完了

基本情報

お名前 必須　姓 例：渋谷　名 例：太郎

フリガナ 必須　セイ 例：シブヤ　メイ 例：タロウ

性別 必須　男性　女性

生年月日 必須　年　月　日

郵便番号 必須　例：1500043

図4-7　個人情報の入力

5. 本人確認の手続き

「かんたん本人確認」を利用する場合、PCからの操作であればQRコードが表示されます。これをスマートフォンで読み取るか、スマートフォンから会員ページへ再度ログインして手続きしましょう。画面の指示に従って本人確認書類及び顔写真などの撮影を行います。

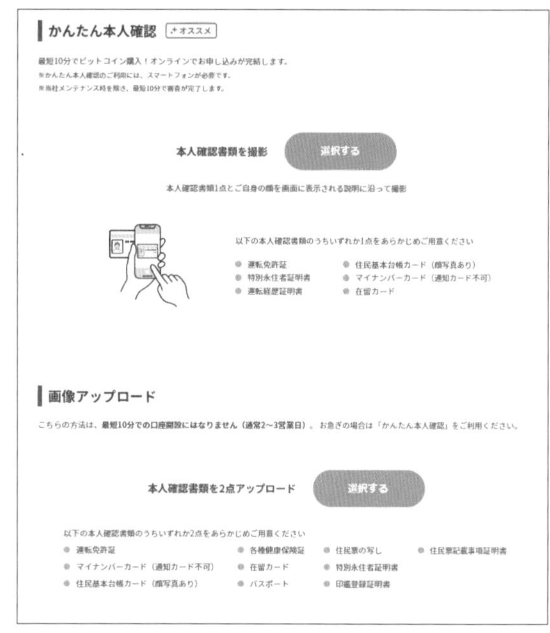

図4-8　本人確認手続き

6. 口座開設コードの入力

「かんたん本人確認」を選択した場合は、審査完了後にメールで「口座開設コード」が届きます。口座開設コードをログイン後の【会員ホーム】の画面で入力し、[口座開設]を選択します。

図4-9　ログイン後の「会員ホーム」

以上で口座開設は完了です。

4-4. GMOコインで暗号資産を購入してみる

先ほど開設の手順を説明したGMOコインの口座で、早速暗号資産を購入してみましょう！扱う金額は少額で大丈夫です。
ここでは、NFT売買などの際にもよく利用されるイーサ（ETH）を買う場合を例に解説します！

4-4-1. 販売所と取引所の違い

暗号資産を購入する前に、「販売所」と「取引所」の違いについて説明します。
多くの暗号資産取引所では、販売所と取引所で暗号資産が売買できます。なお、暗号資産を購入する場合は、基本的には取引所を使うことをおすすめします！　というのも、販売所よりも取引所の方が手数料が安くなる傾向があるからです。

販売所は業者が暗号資産を販売する場所であり、取引所はユーザー同士が暗号資産を取引する場所です。

最初は販売所の方が取引しやすく見えますが、慣れれば取引所での取引も簡単にこなせるようになりますので、取引所を使いこなせるようにするのがおすすめです！

ただし、暗号資産取引所によっては、一部の通貨は販売所でしか購入できない場合もありますので、そういった場合は販売所で購入することになります。

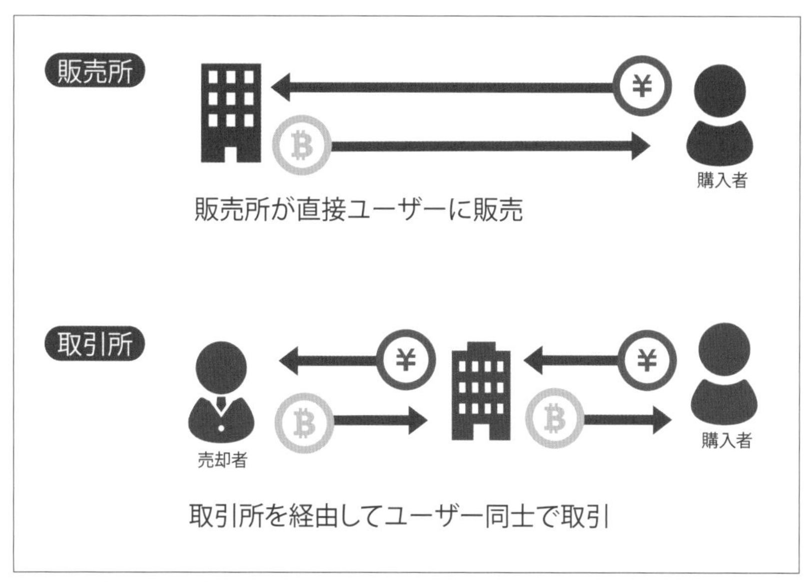

図4-10　販売所と取引所の違い

4-4-2. 販売所で購入する場合

販売所で暗号資産を購入する流れはシンプルです。必要な額の日本円を入金していれば、販売所を開き、購入したい暗号資産の銘柄とその銘柄の数量、あるいは日本円換算した額を入力して購入するだけです。

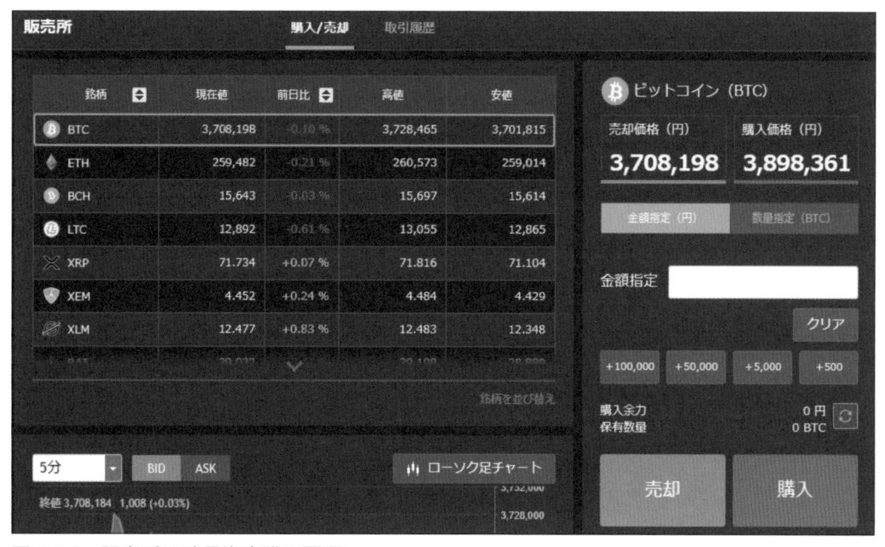

図4-11　販売所の暗号資産購入画面

4-4-3. 取引所で購入する場合

取引所で暗号資産を購入する流れも比較的シンプルです。GMOコインでは「現物取引」と「レバレッジ取引」を選択できますが、特に初心者のうちは「現物取引」のみ使うのがおすすめです。

図4-12　取引所の暗号資産購入画面

取引ページを開いた後は、以下の手順で操作を行います。

1. 取引する暗号資産の銘柄を選択
2. 成行もしくは指値を選択
3. 売買区分で［買］を選択
4. 取引数量を入力
5. 注文タイプを選択（指値の場合は執行数量条件も選択）
6. 注文レートを入力（成行の場合は入力不要）
7. ［確認画面へ］をクリック

成行注文を選択した場合は、販売所で購入する際よりも取引が成立するまでに時間がかかるかもしれませんが、いずれ取引が成立するでしょう。

4-5. 海外取引所の口座を開設し暗号資産を購入してみる

日本の取引所では扱っていない暗号資産を扱いたい場合は、海外の暗号資産取引所を使う必要があります。

海外というと、「英語が苦手だから自分には無理」とか、「なんとなく怪しい」と思う人もいますが、全世界で100万人以上利用している取引所であれば、基本的にはそこまで心配することはないかと思います。口座の開設自体は日本の取引所と同じようにできますので安心です。
また、大手の取引所であれば海外の取引所でも日本語で利用できることが多いのもありがたいですね。大きな額を扱わないのであれば、本人確認なしで利用できる取引所もあります。

また、クレジットカードで暗号資産を購入できたり、マイナーな通貨を取引する際の手数料も安めだったりと、様々なメリットもあります。海外の暗号資産取引所は使いこなせれば便利ですし、あなたの可能性も大きく広がります！

しかし、何か問題が起こったときの問い合わせなどは英語対応になる可能性もあります。
その際は、Google翻訳など翻訳ツールが役立ちます。ただし、オンライン翻訳ツールなどを利用するときは、個人情報の入力は避けるなど、セキュリティに注意して利用することも忘れないようにしましょう。
また、日本の金融庁の認可を受けているサービスではない点も理解し、個人の責任で利用する必要があります。

海外の暗号資産取引所はたくさんありますので、最初はどれを選んでいいかよくわからないでしょう。そのため、よく使われている取引所を3つご紹介します。

1. Bybit
2. Binance
3. MEXC

それぞれ特徴はあるものの、特にこだわりがなければ、日本人ユーザーも多いBybitを使うとよいでしょう。

Bybitの口座開設手順は基本的にGMOコインなど国内取引所の口座開設手順と同じか、より簡単です。日本語に対応しているので、英語がわからない人も心配いりません！ また、Bybitの口座は本人確認をしなくても開設できます。

Bybitの現物取引可能な主要な暗号資産

・BTC（ビットコイン）
・BIT（ビットダオ）
・DOGE（ドージコイン）
・DOT（ポルカドット）
・ETH（イーサ）
・MATIC（ポリゴン）
・SOL（ソラナ）
・USDT（テザー）
・XRP（リップル）　など

※ここで紹介しているのはごく一部です。
また、本書執筆時点での情報のため、正確な情報はBybitサイトなどでご確認ください。

4-6. Bybitの口座を開設する手順

1. Bybitのホームページを開く

まず、Bybitの Webサイト(https://www.bybit.com/ja-JP/)を開きます。

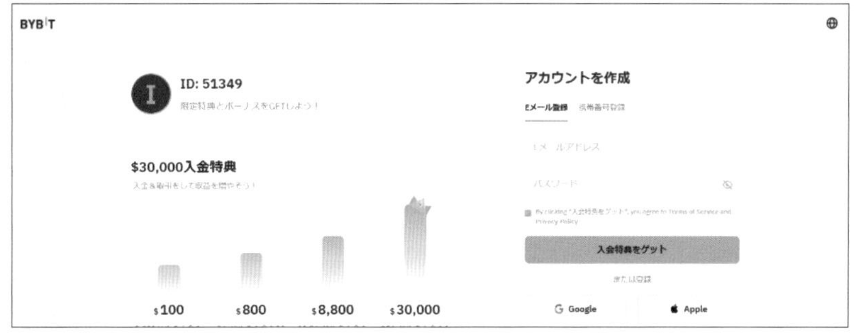

図4-13　BybitのWebサイト

あるいは、Apple StoreやGoogle Playでモバイルアプリをインストールして手続きすることも可能です。

図4-14　モバイルアプリ

2.必要事項を入力

右の項目を入力します。

・Eメールアドレス　・パスワード　・紹介コード

なお、紹介コードは必須ではないですが、紹介コードを入力して登録することで、何かしらのプレゼントがもらえることもあります（そのときによって変わります）。お友達の紹介コードがなければ、「VANVJZ」を紹介コードに使っていただいても構いません。

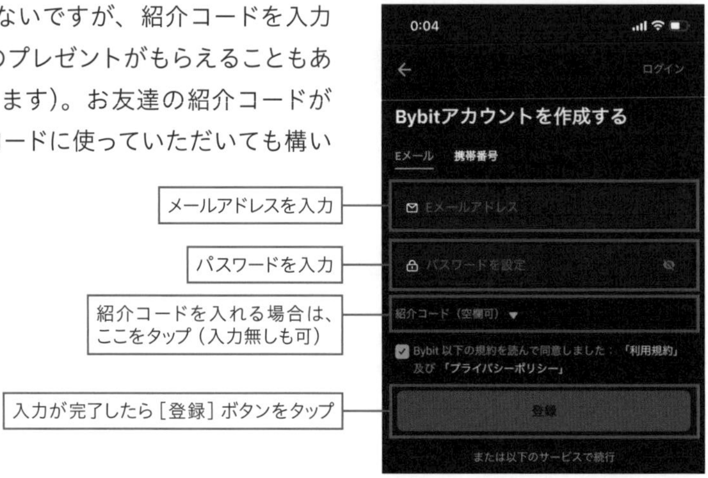

メールアドレスを入力

パスワードを入力

紹介コードを入れる場合は、ここをタップ（入力無しも可）

入力が完了したら［登録］ボタンをタップ

図4-15　アカウントの作成：メールアドレス、パスワードの設定

認証ページが出るので、パズルのピースをうまく嵌めます。

このボタンをスライドさせて上のピースを移動

図4-16　アカウントの作成：認証ページ

そして、Eメールで送られてくる6桁の認証コードを入力します。

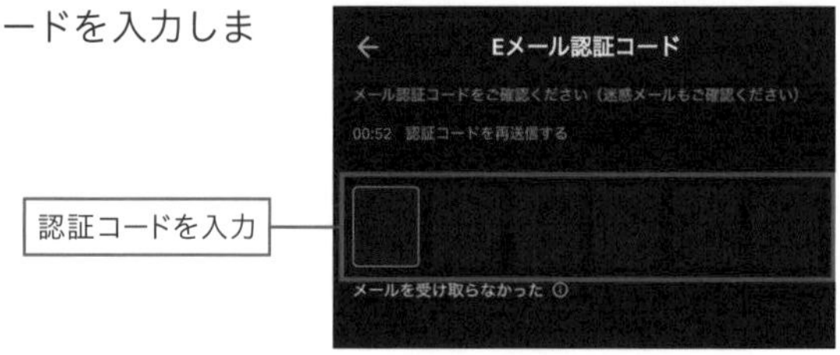

認証コードを入力

図4-17　アカウントの作成：認証コードの入力

これでBybitの口座開設は完了です。最初は本人確認をしなくてもよいため、日本の取引所よりも素早く取引を始めることができます。

前述のGMOコインのように、取引所で様々な暗号資産を売買することができます。

4-7. 暗号資産を送ってみる

　続いて、暗号資産を送る流れもご紹介します。暗号資産の大きなメリットとして、誰でも手数料をおさえ、比較的短時間で送金できる点が挙げられます。なお、手数料も送金スピードも通貨によって変わります。
　ぜひ暗号資産の送金に慣れ、暗号資産が必要な様々なサービスを使いこなしていきましょう！

4-7-1. GMOコインから送金する準備

　ここでは、GMOコインからBybitにビットコインを送る流れをご紹介します。他の暗号資産でも基本的に流れは同じです。

①まず、ログイン後の会員ページより、【入出金】-【暗号資産】と進みます。

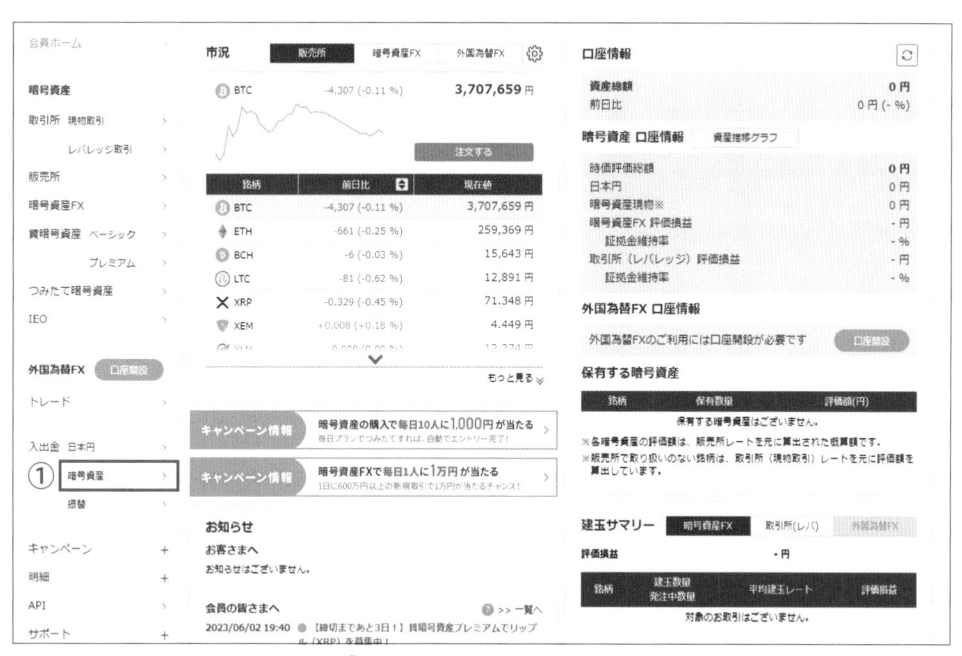

図4-18　会員ホームのメニューから「暗号資産」に進む

②そして、ビットコインを選択します。

図4-19　暗号資産の一覧から「ビットコイン」を選択する

③画面上部【送付】のタブから送付画面へ進みます。

④送りたい宛先にはBybitの自分の口座のアドレスを入力しましょう。

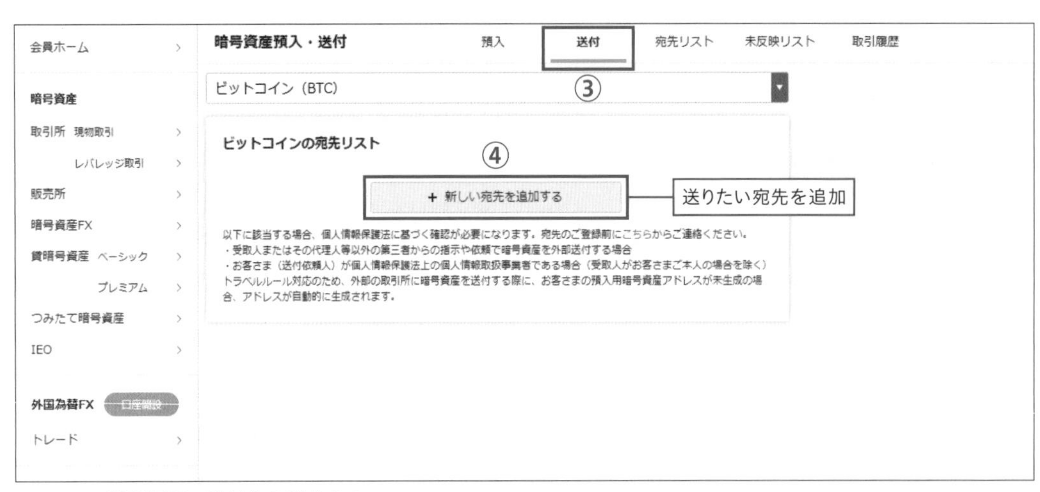

図4-20　送付画面で送付先を指定する

4-7-2. Bybitの自分の口座のアドレスの入手

Bybitなど暗号資産取引所の自分の口座のアドレスの入手方法は下記の流れとなっています。

図4-21　暗号取引所の「資産」メニューから「現物」を選択

Bybitの自分の口座のアドレスを入手するには、画面右上にある「資産」の「現物アカウント」をクリックします。

図4-22　入金したい銘柄の「入金」をクリック

そして、入金したい銘柄の「入金」をクリックすると「ウォレットアドレス」が表示されるため、それをコピーしてGMOコインで送金する際の送金先に記入します。

4-7-3. GMOコインで送金

続いて、送付可能額の範囲内で送付数量を入力します。
2段階認証コードを入力し、注意事項を確認して、【確認画面へ】を選択します。確認画面へ進み、内容を確認の上【実行】を選択すれば手続きは完了です。

4-7-4. 暗号資産の送金で気をつけるべきこと

暗号資産の送金で一番気をつけるべきなのは、送金ミスです。間違ったアドレスに送金しないようにしっかり確認しましょう！　間違ったアドレスに送金してしまったら、その暗号資産は手元に戻らない可能性が高いです。
アドレス間違いには十分気をつけると同時に、まずは少額でテスト送金してみることをおすすめします！

第5章

DeFiを利用して資産運用してみる

2020年にDeFiの取扱高は大きく増加し、次世代の金融の仕組みとして一気に注目を集めました。DeFiを利用して資産運用するとはどういうことなのか見てみましょう！

5-1. DeFiを活用した資産運用

5-1-1. DeFiの担い手となり報酬を獲得

DeFiは「Decentralized（分散）」と「Finance（金融）」を組み合わせた言葉です。非中央集権的な金融の仕組みであり、その仕組みの一端を担うことで見返りを受けることができます。これがDeFiを活用した投資・資産運用として注目されています。

ここでは「DEX（Decentralized Exchange、分散型取引所）」を活用します。DEXとは、銀行などの管理者を経由することなく、ユーザー同士が直接取引できる取引所のことです。

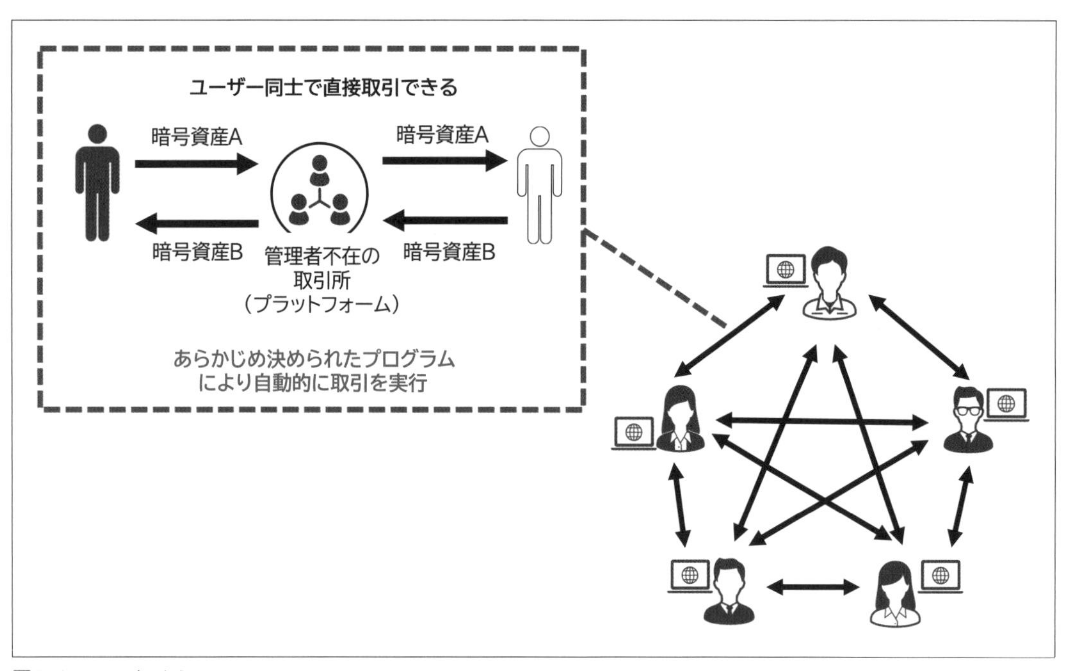

図5-1　DEXとは？

5-1-2. イールドファーミングとは？

DeFiでは、「**イールドファーミング**」という報酬を得る仕組みがあります。イールドファーミングは2種類の暗号資産をペアで預けて報酬を得る仕組みです。暗号資産をペアで預けると取引量の増加に繋がる（流動性が向上する）ため、取引所から見返りとして報酬がもらえるのです。

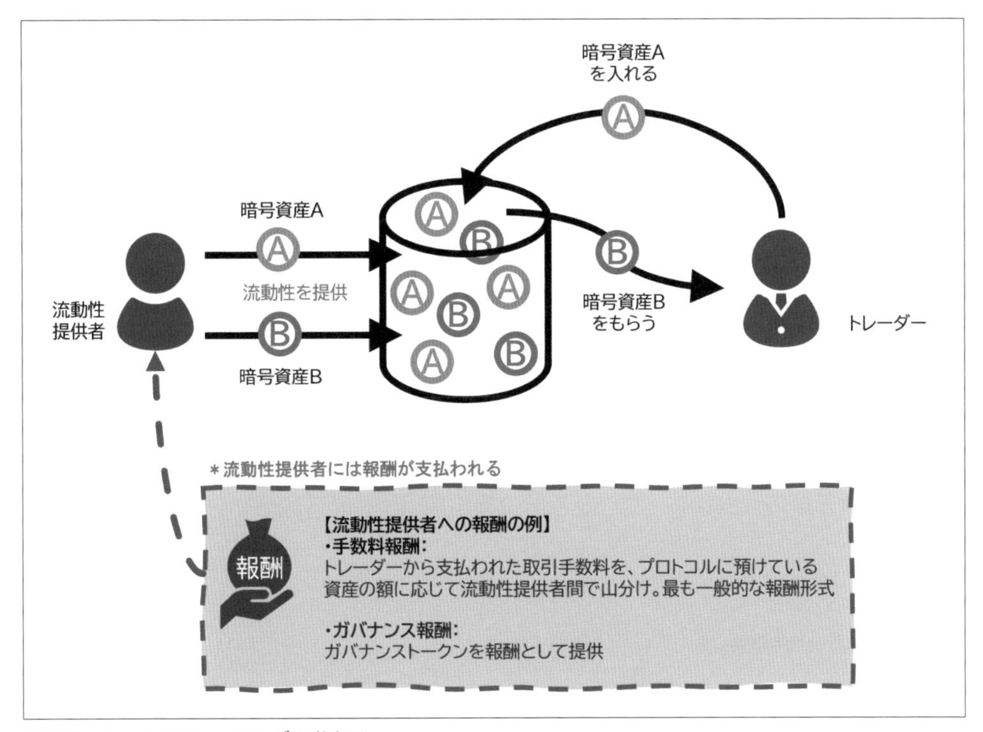

図5-2　イールドファーミングの仕組み

ペアによっては年利がとても高く、なんと100％以上になるものさえあります。しかし、一般的にリスクがあるからこそ金利も高くなっているのです。つまり、年利がとても高いペアを構成する通貨の価格は、変動リスクも大きい傾向にあるので注意が必要です。

「**流動性マイニング**」はイールドファーミングの一種ですが、持っている暗号資産を取引所に貸し出すと、取引所の独自トークンをもらうことができる仕組みです。独自トークンに価値がある、あるいはこれから価値が上がりそうな場合は有効です！

5-1-3. CEXではレンディングやステーキング

また、DEXだけではなく、コインチェックやBybitなどのCEX（Centralized Exchange、中央集権的な取引所）でも可能な以下の運用方法もあります。

- レンディング
- ステーキング

「**レンディング**」は暗号資産を一定期間貸し出すことで利息が上乗せされて戻ってくる仕組みです。なおメジャーな暗号資産に適用される金利は1～5％程度が一般的です。定期預金のように預けておくだけなので、暗号資産投資歴が短い人でも比較的理解しやすい仕組みでしょう！

「**ステーキング**」は購入した暗号資産を長期的に保有することで報酬を得る方法です。特別な操作は必要なく、基本的に手放さないで持つだけです。ステーキングもレンディングと同様にお手軽ですね。

なお、ステーキング報酬の元手はユーザーが取引の際に支払う手数料となっています。

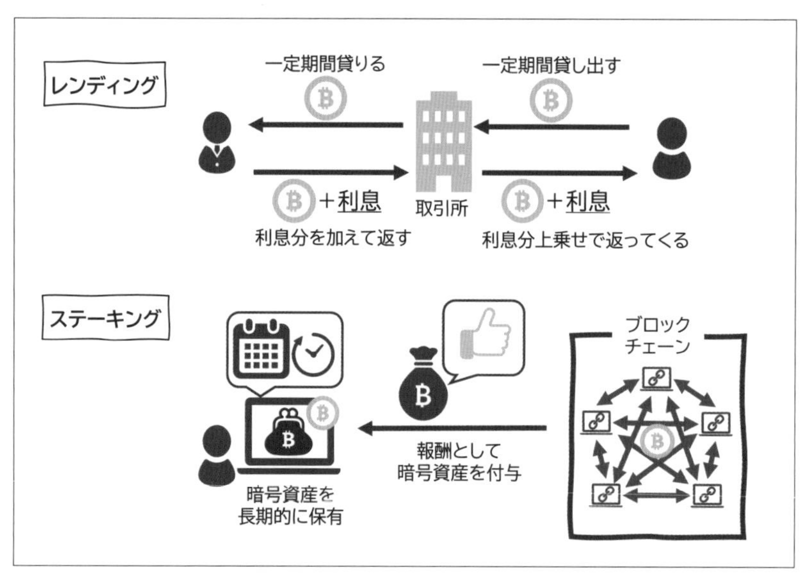

図5-3　レンディングとステーキング

5-2. ウォレットを設定

5-2-1. MetaMaskとは？

イールドファーミングをするには、暗号資産のウォレットを用意する必要があります。ここではMetaMask（メタマスク）という**ウォレット**の設定の流れを説明します。

MetaMaskはイーサリアム系のウォレットで、イーサリアム系の暗号資産やNFTを一括管理できます。多くのDEXはイーサリアム系のブロックチェーンを利用しているため、MetaMaskを使えるようにしておくとよいです。

さらに、NFTゲームや世界最大のNFTマーケットプレイスであるOpenSea（オープンシー）を利用する際など、MetaMaskは様々なWeb3のアプリケーションを利用する際にも必要になりますので、早いうちに使い方に慣れておきましょう！

ウォレットとは？

暗号資産やNFTなどを保管・管理する役割を持っています。いわば、暗号資産やNFTのお財布みたいなものです。

スマホやウェブブラウザのアプリなどのインターネットに接続したウォレットを「**ホットウォレット**」といいます。MetaMaskはホットウォレットです。そのほか、インターネットに接続していないウォレットは「**コールドウォレット**」と呼ばれます。

5-2-2. MetaMaskの初期設定の流れ

MetaMask (https://metamask.io) の初期設定は難しくありませんが、気を付けるべき点もありますので、しっかり確認しましょう。

MetaMaskはブラウザ版とスマホアプリ版がありますので好きな方、あるいは両方を利用してください。設定の流れは基本的にどちらも同じです。
ブラウザで利用する場合は、Googleの拡張機能をダウンロードしましょう。

ちなみに、偽サイトがある可能性もあるので、しっかり公式サイトであることを確認してからダウンロードしましょう。

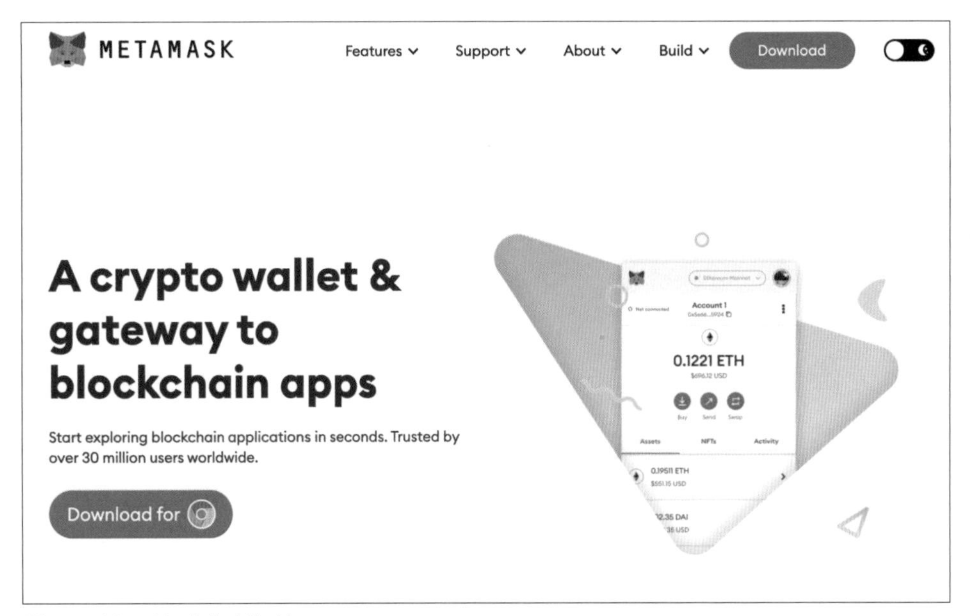

図5-4　MetaMask公式サイト

MetaMaskを開いたら、まず「新規ウォレットを作成」をクリックしてください。

図5-5　新規ウォレットの作成開始画面

そしてパスワードを設定します。

1 パスワードを作成　2 安全なウォレット　3 シークレットリカバリーフレーズの確認

パスワードを作成

このパスワードは、このデバイスでのみMetaMaskウォレットのロックを解除します。MetaMaskはこのパスワードを復元できません。

新しいパスワード(最低8文字)　表示

パスワードの確認

私はMetaMaskがこのパスワードを復元できないことを理解しています。詳細

新規ウォレットを作成

図5-6　パスワードの設定

続いて、シークレットリカバリーフレーズについての説明があります。

説明の中で、「秘密のシークレットリカバリーフレーズをなくした場合、MetaMaskチームを含め、誰にもウォレットの復元を行うことはできません」と出てきます。

図5-7　ウォレットの保護（シークレットリカバリーフレーズ）に関する説明

シークレットリカバリーフレーズとは、MetaMaskを復元するために使うパスワードのようなものです。12個の英単語で構成されています。違う端末で同じMetaMaskのアカウントを使いたいときなどにも必要になります。

シークレットリカバリーフレーズは必ずメモしましょう！
シークレットリカバリーフレーズを忘れてしまうとMetaMaskのアカウントが復元できなくなり、MetaMask内のすべての資産を失うことになります。デバイスが壊れると復元できなくなるので、紙に書いて安全な場所に保管しておきましょう。

また、このシークレットリカバリーフレーズが悪意のある第三者の手に渡ってしまった場合、あなたの資産は危険に晒されます。十分気をつけましょう。

このシークレットリカバリーフレーズに関する注意事項を理解したら、「ウォレットの安全を確保（推奨）」をクリックします。すると再度、シークレットリカバリーフレーズに関する注意喚起がなされます。こちらでも注意事項を再度確認したら、「シークレットリカバリーフレーズを公開」をクリックします。シークレットリカバリーフレーズが表示されるので、書き留めて「次へ」をクリックします。

この次の画面で、一部の欄が空欄になったシークレットリカバリーフレーズの一覧が表示されるので、空欄に正しいフレーズを記入し「確認」ボタンをクリックします。「ウォレットが作成されました」と表示されたらMetaMaskの初期設定は完了です。「了解！」をクリックして終了しましょう。

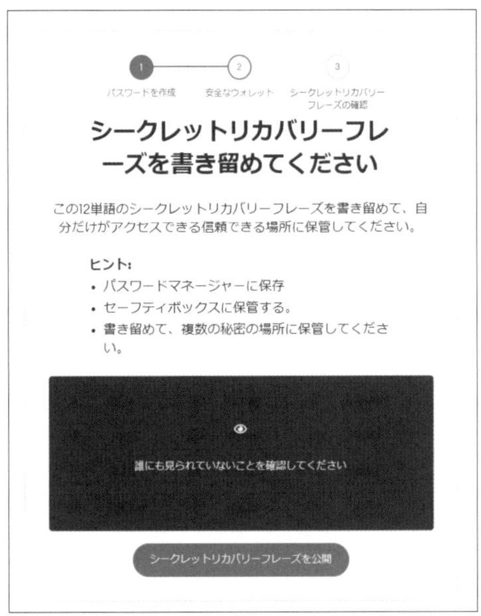

図5-8　シークレットリカバリーフレーズ

図5-9　ウォレットの作成完了画面

MetaMaskへの送金

MetaMaskのウォレット作成が完了したら、MetaMaskに送金をしてみましょう。

たとえばGMOコインからは、送金の宛先にMetaMaskを設定することで送金できます。

宛先追加で「GMOコイン以外」、「プライベートウォレット（MetaMaskなど）」と進み、宛先情報の登録画面でMetaMaskのウォレットのアドレスを入力します。

MetaMaskの設定

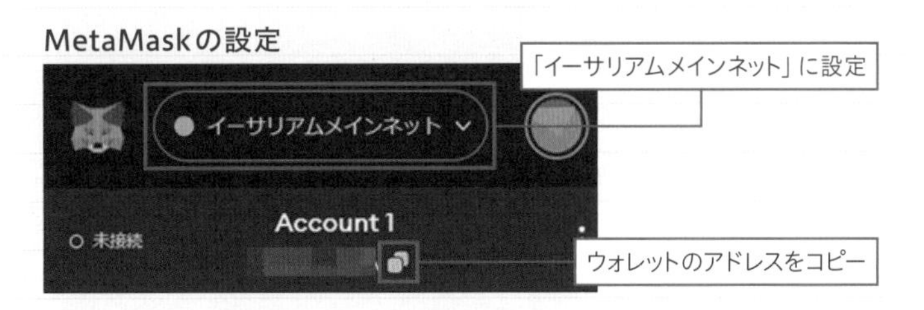

GMOコインでの宛先情報の登録

※送金先のアドレスを間違わないよう注意しましょう

第5章

5-3. ウォレットとDEXを接続

今回はDEXの代表格であるUniswap（ユニスワップ）を例に説明します。
Uniswapは Ethereumブロックチェーン上に構築されたDEXで、通貨の自動取引を実現します。

Uniswapを利用するにはMetaMaskなどのウォレットを接続する必要があります。

まず、Uniswap（https://uniswap.org）の公式サイトを開き、「Launch App」をクリックします。

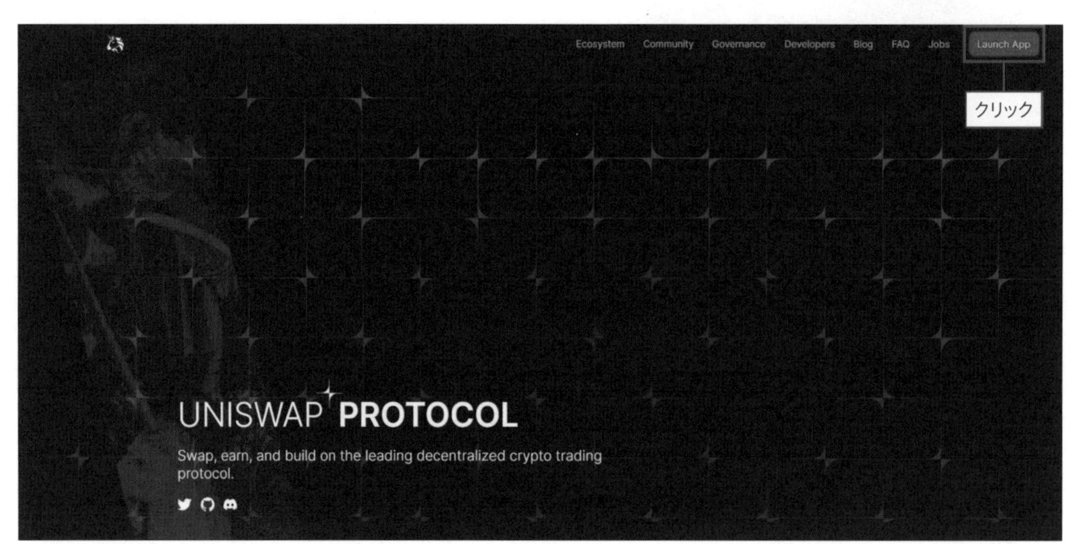

図5-10　Uniswapの公式サイト（https://uniswap.org）

次に、「接続」をクリックします。

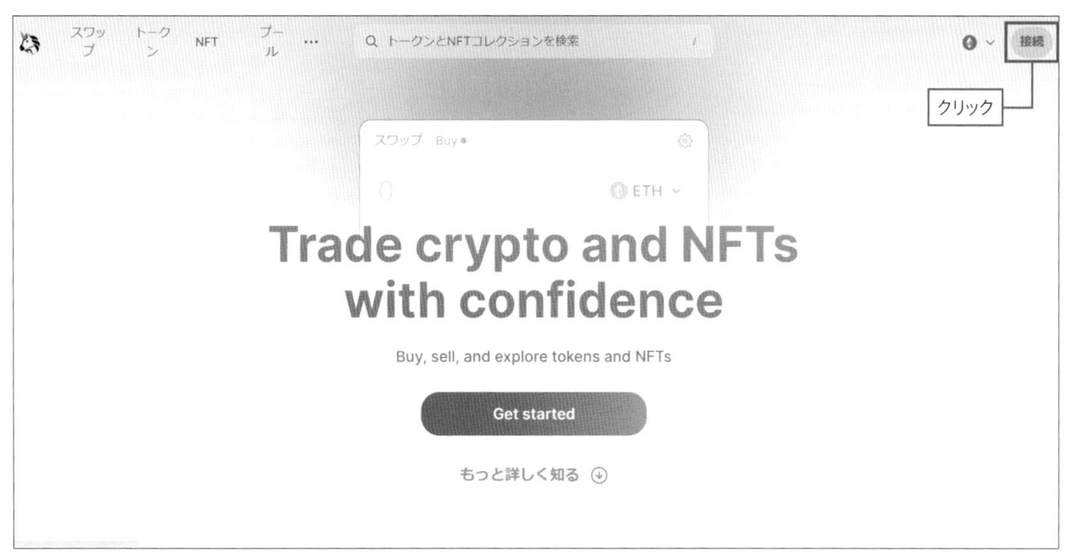

図5-11　Uniswapにウォレットを接続する

ウォレット選択メニューが表示されます。今回はMetaMaskを接続したいので、MetaMaskを選択して接続します。なお、接続するMetaMaskには、流動性を提供するための暗号資産をご用意ください（暗号資産取引所などで取得し、MetaMaskに送金しておいてください）。

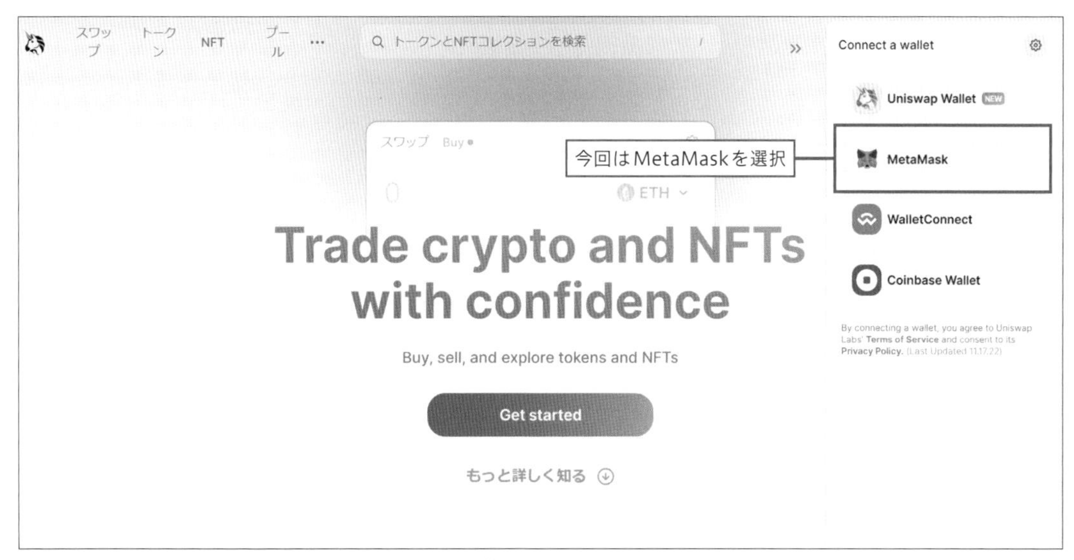

図5-12　表示されたウォレット選択メニューから接続したいウォレットを選択

5-4. 流動性を提供

続いて流動性を提供します。なお、バージョンなどの違いによりお使いの画面と表示が異なる可能性があります。説明には日本語表記名や項目の役割などを補足していますので、適宜読み替えてください。

上のメニューで「Pool（プール）」を選択しましょう。

この画像の場合はETHとペアを作ろうとしています。「Select a Token（トークン選択）」からペアとするトークンを選択しましょう。

図5-13 「Select Pair（ペアを選択）」の項目でペアにするトークンを選択

ペアを決めたらfee tier（得られる手数料収益のレベル。0.01%、0.05%、0.3%、1%から選択できます）を決めます。この画像の場合は0.3%になっています。上級者以外は、基本的に自動で入力される値を採用すればよいでしょう。

図5-14 fee tierを決める

Price Range（流動性を提供する価格帯）を設定します。価格帯が指定した範囲外になったら、価格が指定範囲に戻るまで取引手数料を獲得できません。あなたの選択したペアがどの価格幅で推移するかを考えてPrice Rangeを設定しましょう。

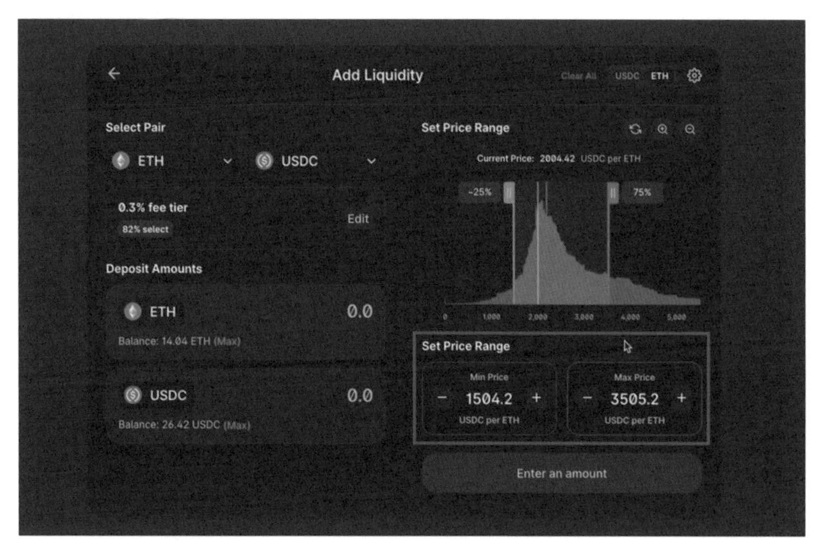

図5-15 「Set Price Range」で最小価格と最大価格を設定する

Deposit Amounts（預け入れる数量）を入力します。どのくらいのトークンを預けて流動性を提供したいか決めましょう。

図5-16 「Deposit Amounts（預け入れる数量）」で預け入れる数量を入力する

第5章

入力内容を確認したら、流動性を追加します。これで流動性を提供した見返りに、手数料を得ることができます。

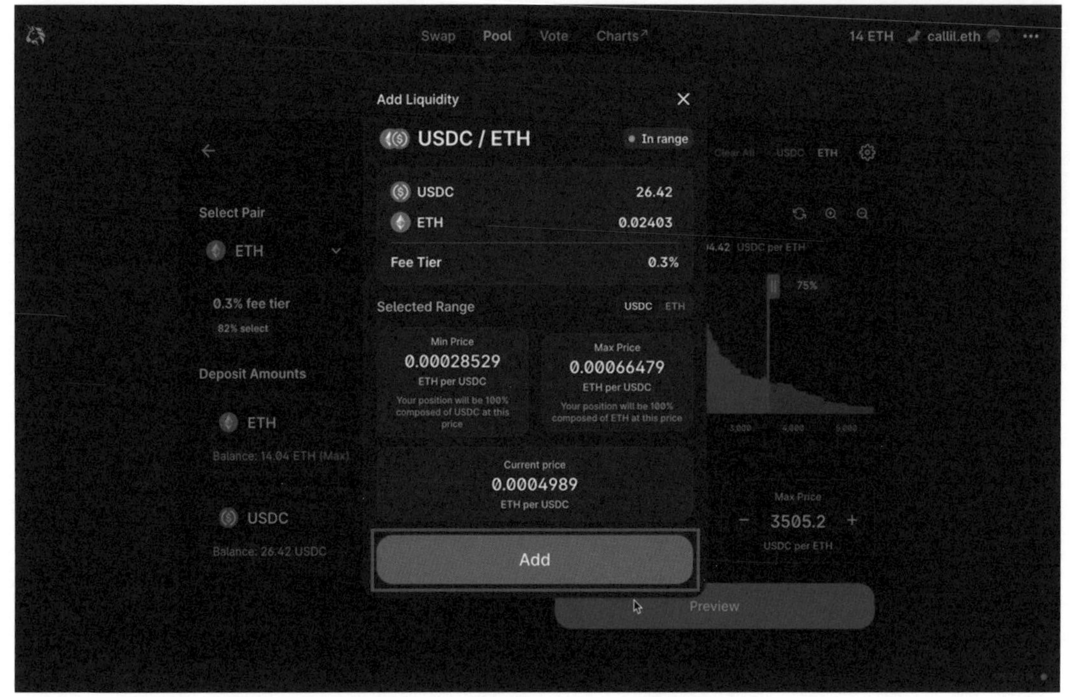

図5-17　入力内容を確認したら「Add（追加）」を押して流動性を追加する

第6章

OpenSeaでNFTを発行・出品してみる

NFTを発行・出品する方法はたくさんありますが、本書では世界最大のNFTマーケットプレイスであるOpenSeaでNFTを発行して出品する方法をご紹介します！

6-1. OpenSeaで NFTを発行・出品する

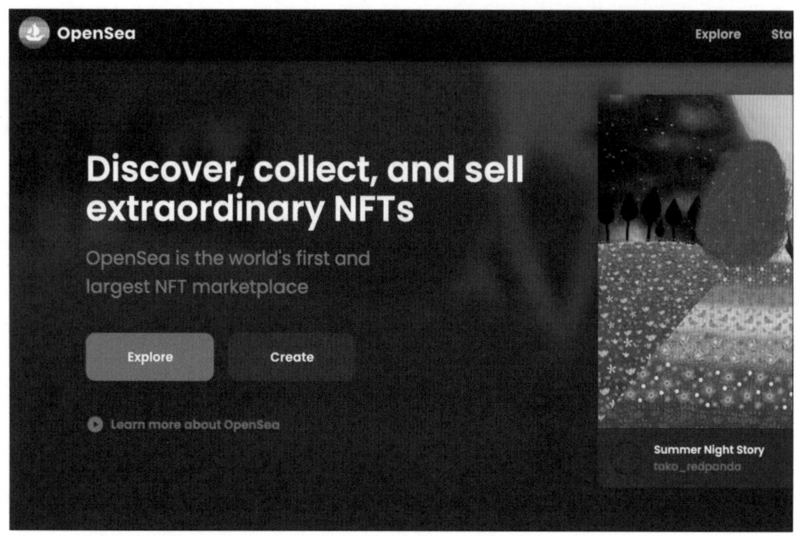

図6-1　OpenSea公式サイト

そもそも、NFTを発行・出品するという表現がしっくりこない人も多いかもしれません。OpenSeaでNFTを発行・出品するのはおそらく多くの人が思っているよりも簡単で、技術的な知識は特に必要ありません。

NFTにしたい画像（たとえば、自分で撮影した写真や描いたイラスト）などを用意して、手順に従って必要事項を記入していくだけです。フリマアプリのメルカリやヤフオク！を使える人であれば問題なく使えるでしょう。

最初のうちは戸惑うかもしれませんが、慣れれば数分でNFTを発行・出品することも可能です。

OpenSeaはNFTマーケットプレイスですので、単純にNFTを発行するのではなく、出品することが前提となっています。まずはOpenSeaでNFTを発行・出品することの流れを掴みましょう！

6-2. MetaMaskに Polygon Networkを追加

OpenSeaにおいてもイーサリアムがメインのブロックチェーンではありますが、イーサリアムを使う場合はガス代（手数料）がかかります。そのため、まずは基本的にガス代がかからないPolygon NetworkでNFTを発行して出品することをおすすめします。

Polygon Networkを利用するためには、MetaMaskにPolygon Networkを追加する必要があります。

MetaMaskの「ネットワーク」メニューを開き、「ネットワークを追加」ボタンをクリックします。

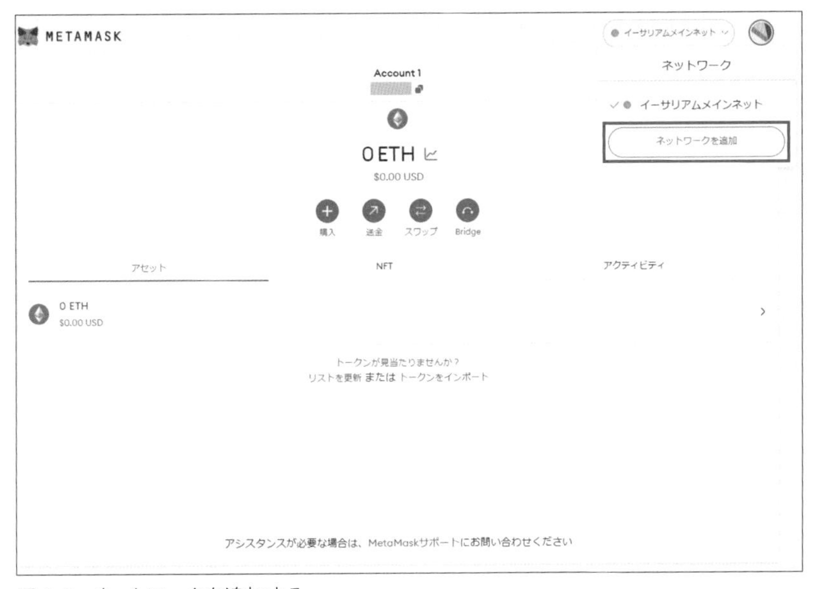

図6-2　ネットワークを追加する

表示されている「人気のカスタムネットワーク」の一覧の中に「Polygon Mainnet」があるので、「追加」をクリックします。

図6-3 「ネットワークを追加」画面

もしも一覧の中に「Polygon Mainnet」がない場合は、下の方にある「ネットワークを手動で追加」を選択し、手動で追加してください。

下記の情報を入力して、「保存」をクリックしましょう！

なお、この情報は執筆時点で有効なものです。RPC URLは更新されることがありますので、あらかじめご了承ください。

ネットワーク名：Polygon
新しいRPC URL：https://polygon-rpc.com
チェーンID：137
通貨記号：MATIC
ブロックエクスプローラーURL：https://polygonscan.com

図6-4 「ネットワークを手動で追加」画面

これでPolygonの設定は完了です！ ネットワークでPolygonが選択できるか確認しましょう。

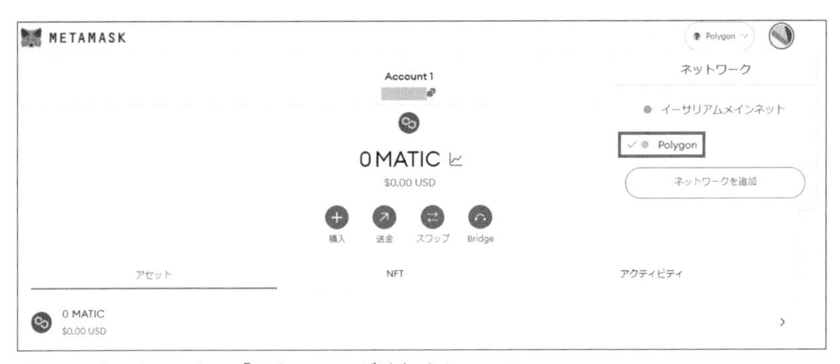

図6-5 ネットワークに「Polygon」が追加されている

第6章

6-3. マーケットプレイスにウォレットを接続

OpenSeaでNFTを発行・出品するには、まず自分のウォレットとOpenSeaを接続しなければなりません。このウォレットを接続するという操作は従来のWebサービスでいう登録とログインをかねた操作です。

前章のUniswapでの説明でも触れましたが、多くのWeb3のサービスで行うこととなりますので、今のうちに慣れておきましょう。

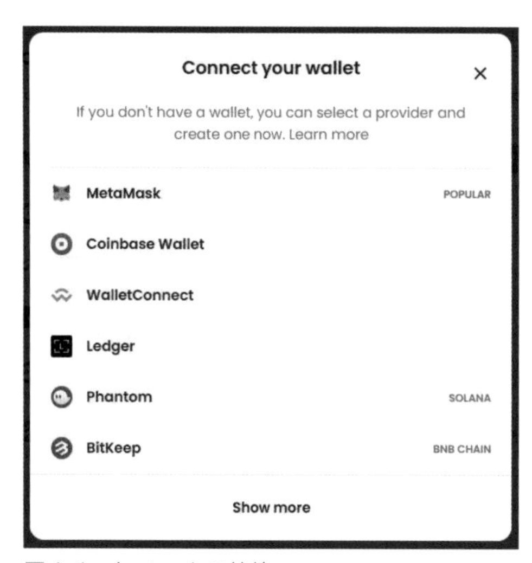

図6-6　ウォレットの接続

OpenSea

まずOpenSea（https://opensea.io）の公式ページを開き、「Profile」をクリックしてください。いくつかウォレットの選択肢があるので、MetaMaskを選択しましょう。そうすると、自動でMetaMaskの画面に遷移します。

続いて「次へ」をクリックするとMetaMaskとOpenSeaの接続を許可する画面になります。「接続」をクリックすると接続されます。これがログインのような手順となります。

MetaMaskにETHやMATICなどの暗号資産を入れておけば、OpenSeaでNFTを購入することができます。

6-4. データをアップロード

NFTと聞くと何か特殊なものに思えて難しく感じるかもしれませんが、NFTに紐づけるデータ（元となるデータ）は権利的に問題なく、公序良俗に反しないものであれば何でも構いません。たとえばご自身のイラストなど、インターネット上に公開しても大丈夫なデジタルデータであればなんでもOKです。

とにかくNFTを発行して感覚をつかみましょう。まずはNFTを発行する手順がわかればいいので、売れそうなものにこだわる必要はありません。PCだけでなく、スマホのみでNFTを発行して出品することも可能です。

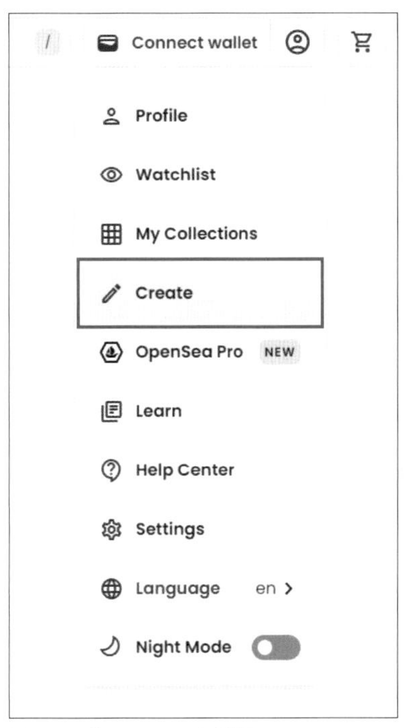

図6-7 「Create」を選択

まずOpenSeaを開き、「Create」をクリックします。続いて、MetaMaskで署名を求められるので、「署名」をクリックします。

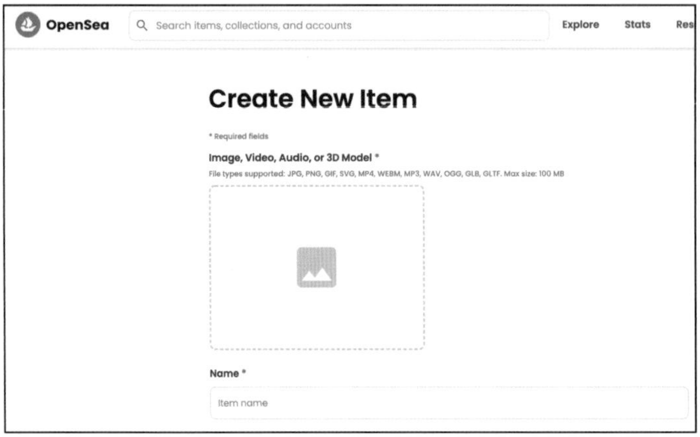

OpenSea Search items, collections, and accounts Explore Stats Res

Create New Item

* Required fields

Image, Video, Audio, or 3D Model *

File types supported: JPG, PNG, GIF, SVG, MP4, WEBM, MP3, WAV, OGG, GLB, GLTF. Max size: 100 MB

Name *

Item name

図6-8　NFT化したいファイルをアップロードする

「Image, Video, Audio, or 3D Model」には、ひとまず画像ファイルを入れてみましょう。ビデオでも音声データでも、3Dモデルでも大丈夫ですが、最初は画像でいいでしょう。

「Name」は公開用の作品の名前です。

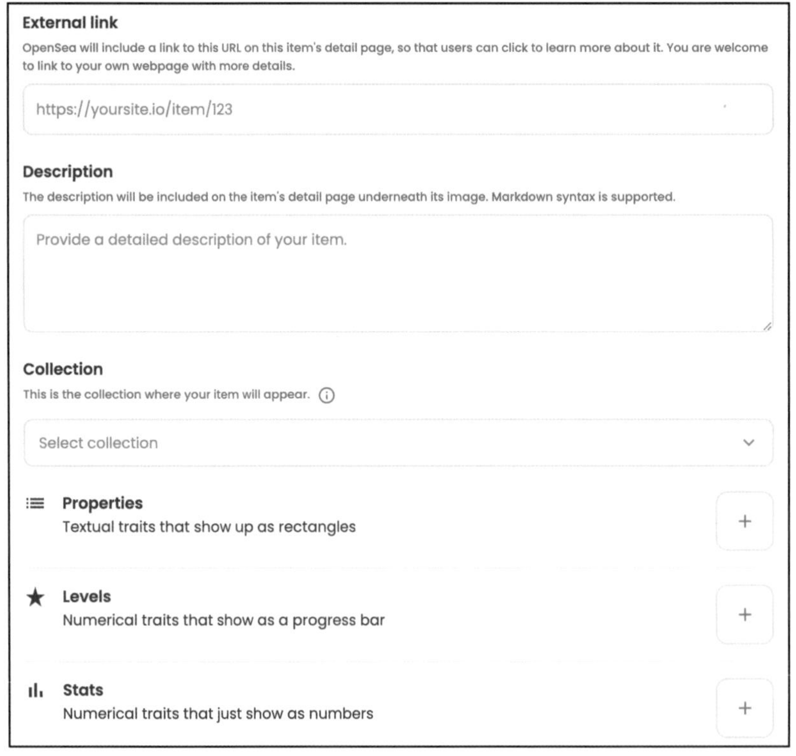

図6-9　作品に対する各種設定画面（1）

「External Link」には、もしあれば作品を紹介しているWebサイトのURLを記入しましょう。今回は気にしなくて大丈夫です。

「Description」には、作品の説明文を入れます。今回は何か適当に書いておきましょう。

「Collection」は、NFTを販売するために記入した方がいい項目ですが、今回はひとまず飛ばしてしまって大丈夫です。

「Properties」「 Levels」「Stats」には、作品の属性を記入することができます。 こちらも次回からで大丈夫です。

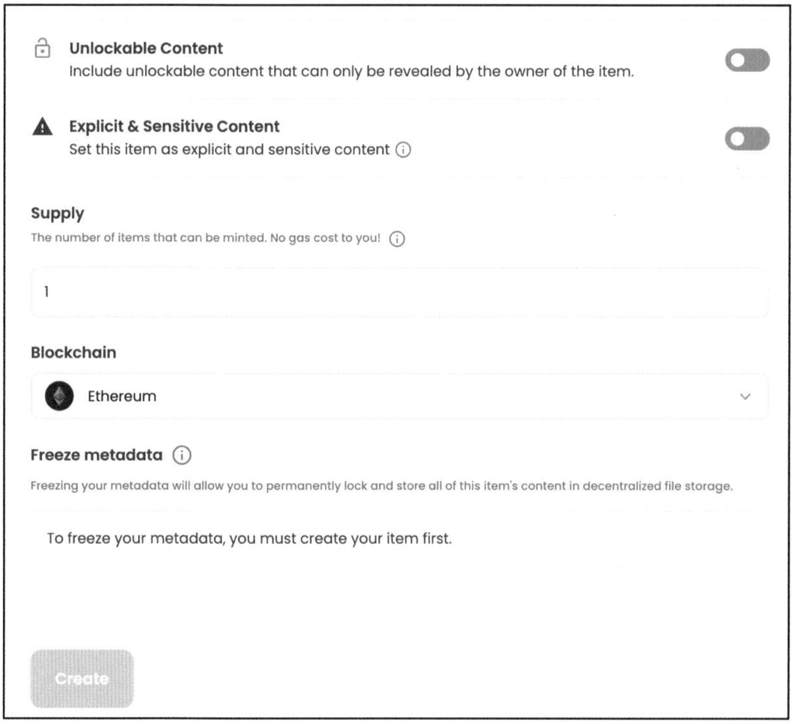

Unlockable Content
Include unlockable content that can only be revealed by the owner of the item.

Explicit & Sensitive Content
Set this item as explicit and sensitive content

Supply
The number of items that can be minted. No gas cost to you!

1

Blockchain

Ethereum

Freeze metadata
Freezing your metadata will allow you to permanently lock and store all of this item's content in decentralized file storage.

To freeze your metadata, you must create your item first.

Create

図6-10　作品に対する各種設定画面（2）

「Unlockable Content」をオンにすると、作品の所有者以外には見えなくなります。基本的にオフのままで大丈夫です。

「Explicit&Sensitive Collection」は、露骨・センシティブな表現のある作品の場合に設定が必要な項目です。エロ系・グロテスク系のコンテン

第6章

ツを出品するときには必ずオンにしましょう。

「Supply」はこの作品の供給量です。今回は1で大丈夫です。

「Blockchain」では、使うブロックチェーンを下記などから選ぶことができます。

- **Ethereum**
- **Polygon**
- **Klaytn**
- **Solana**

まずは、先ほど設定したPolygonでNFTを発行して出品してみるといいでしょう。
慣れてきたら、イーサリアムなど他のブロックチェーンで発行してみるのもよいです。

すべての設定が終わったら「Create」をクリックします。これであなた独自のNFTの発行と出品は完了です！

このまま価格を決めない場合、オファーがあればその価格での売却を検討することになります。「Sell」をクリックして価格を決定すれば、見ている人がその価格で購入できるようになります。

6-5. コレクションの設定

ここでは、先ほどは未設定にしていた「Collection」について説明します。

売れているNFTアーティストはコレクションを設定していますので、あなたもNFTを売りたいのであればぜひ設定しましょう。下記で設定の手順をご紹介します。

1.「Account」の画面で「My Collections」を選択する

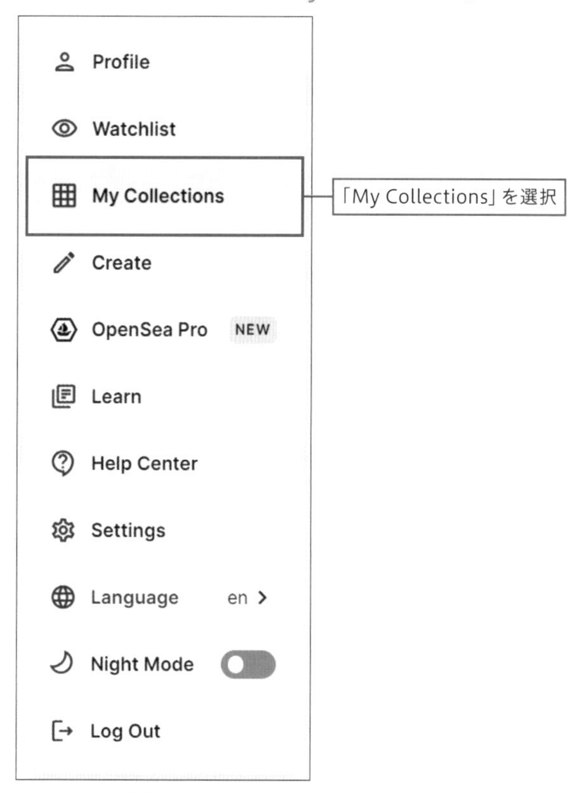

図6-11 アカウントメニューで「My collections」を選択

第6章

2. Collectionsを制作

「My Collections」を選択すると、制作開始画面が開きます。「Create a collection」をクリックしてください。

図6-12　コレクションの設定を開始しよう

3. 使用するコントラクトの選択

独自のコントラクトを使用するか、OpenSeaのコントラクトを使用するか聞かれます。今回はOpenSeaのコントラクトを利用する流れを紹介します。なお、独自のコントラクトを使用する場合はガス代がかかります。

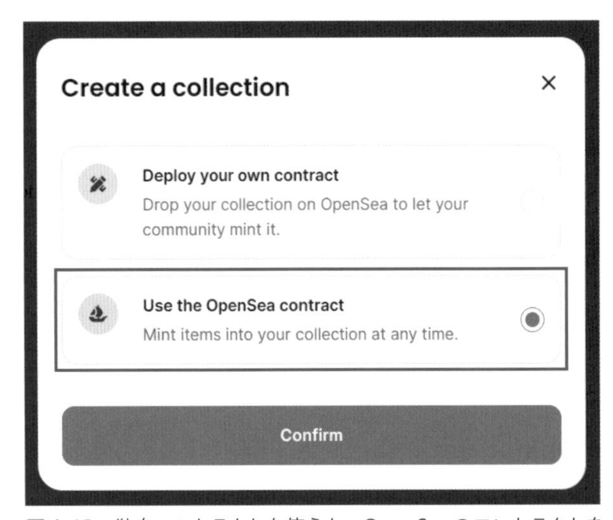

図6-13　独自コントラクトを使うか、OpenSeaのコントラクトを使うかを選択

4.「Detail(詳細)」の入力

メニュー欄に「Detail(詳細)」「Graphics(グラフィック)」、「Earning」「Link」があります。まずは「Detail」を見ていきましょう。

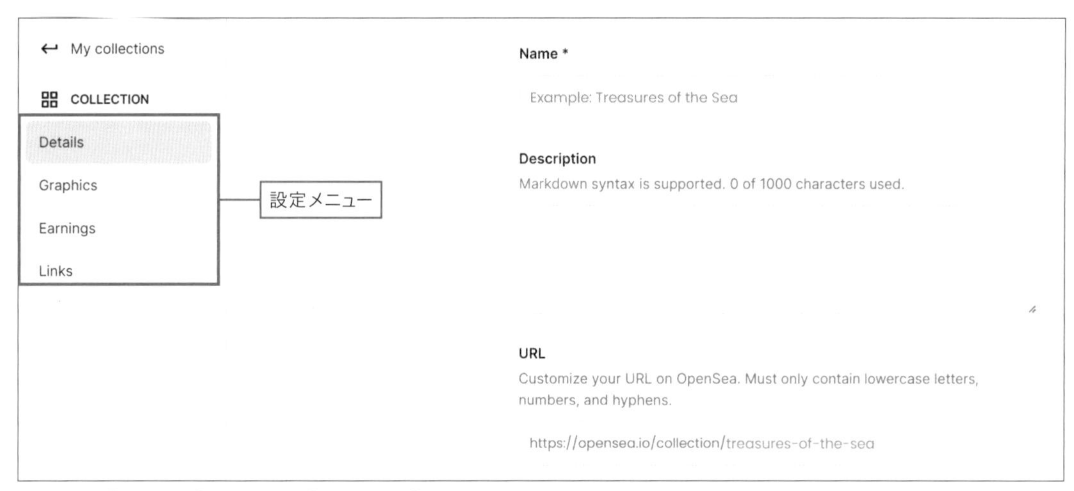

図6-14 「Detail」「Graphics」「Earning」「Link」を順番に設定していこう

「Name」はコレクションの名前です。 入力した名前がもしも誰かが既に使用している名称の場合は登録できないため、その場合は別の名前に変更しましましょう。

「Description」にはコレクションの説明文を書きます。文字数の上限は1000文字です。「URL」にはコレクションのURLを設定できます。アルファベット小文字、数字、ハイフンのみの構成にしなければなりません。

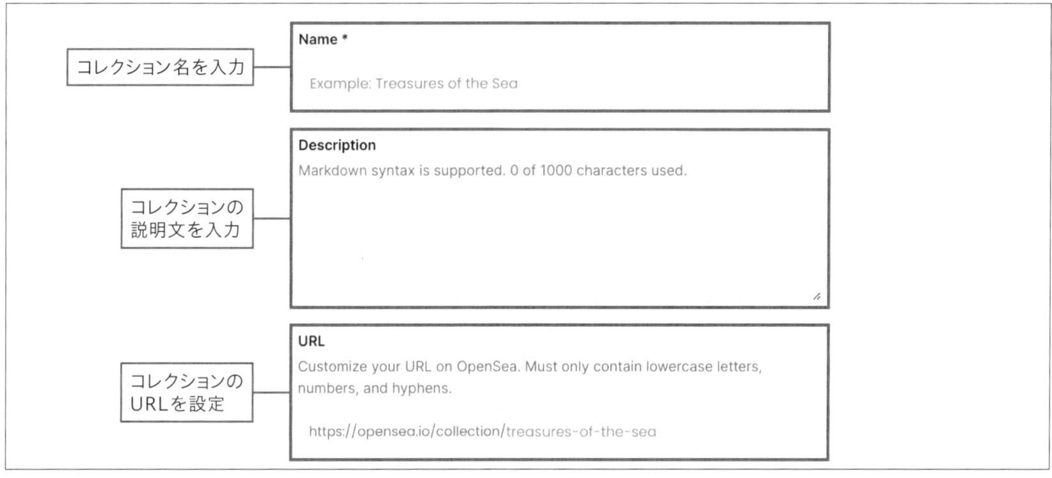

図6-15 「Detail」の設定項目(1)

「Category and tags」では、プルダウンメニューから作品のカテゴリーを選択します。アートや音楽、ゲームなど様々なカテゴリーが用意されています。適切なものを設定しましょう。

「Blockchain」は、NFTの取引に利用するブロックチェーンの種類です。ここではひとまず、先ほどと同じように「Polygon」に設定しましょう。

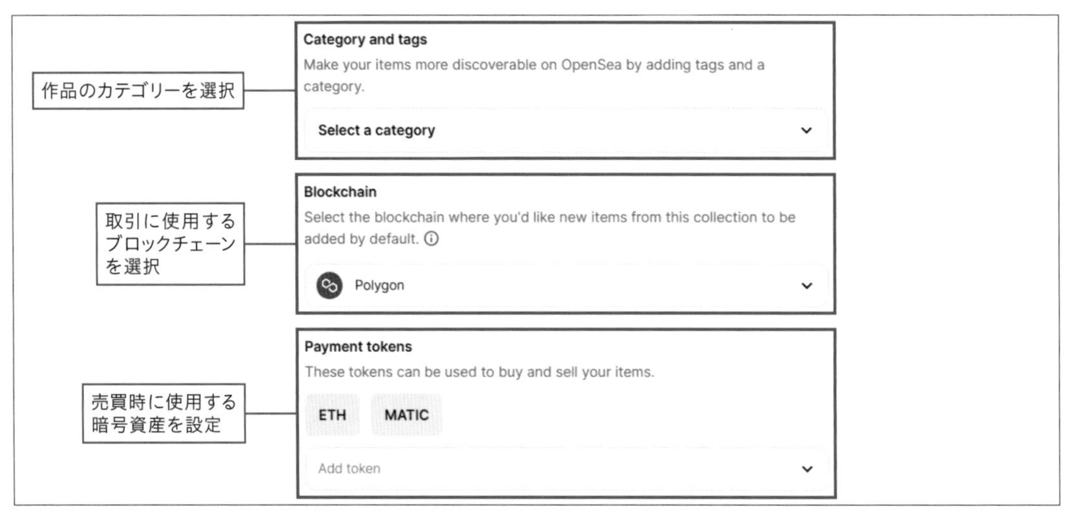

図6-16 「Details」の設定項目(2)

「Display theme」は作品の見え方のデザインです。 お好みのものを選んでください。

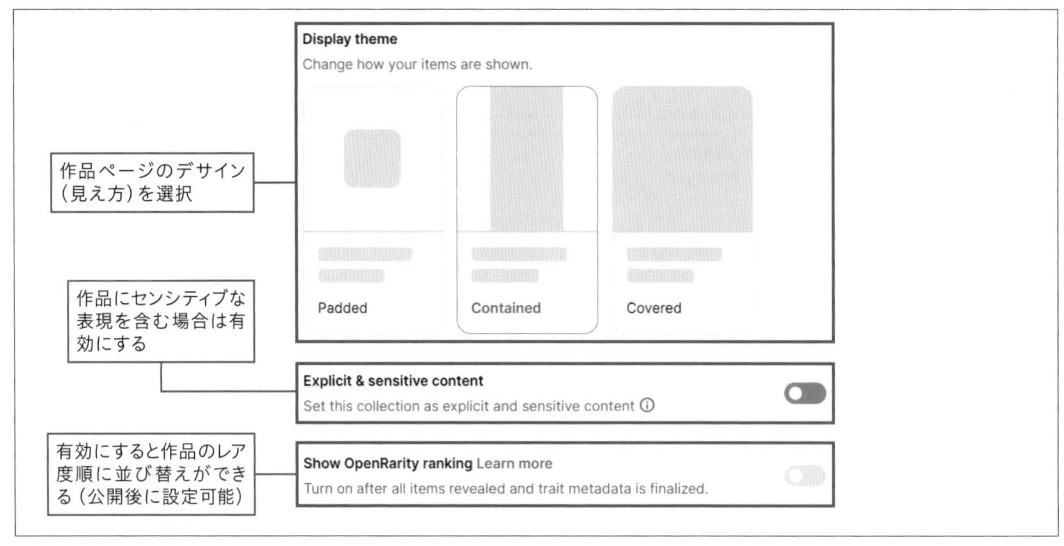

図6-17 「Details」の設定項目(3)

「Explicit&sensitive content」はセンシティブな表現を含む場合にオンにします。作品に特にそういった要素がなければ、基本的にチェックしなくて大丈夫です。「Show OpenRarity ranking」は、コレクション画面でユーザーが作品をレア度の高い順にソートできるようにする機能です。未公開時点では操作できない状態になっており、公開後に設定可能になります。

5.Graphics

「Logo image」はコレクションのアイコンです。コレクションの一覧ページと、コレクションページに表示されます。

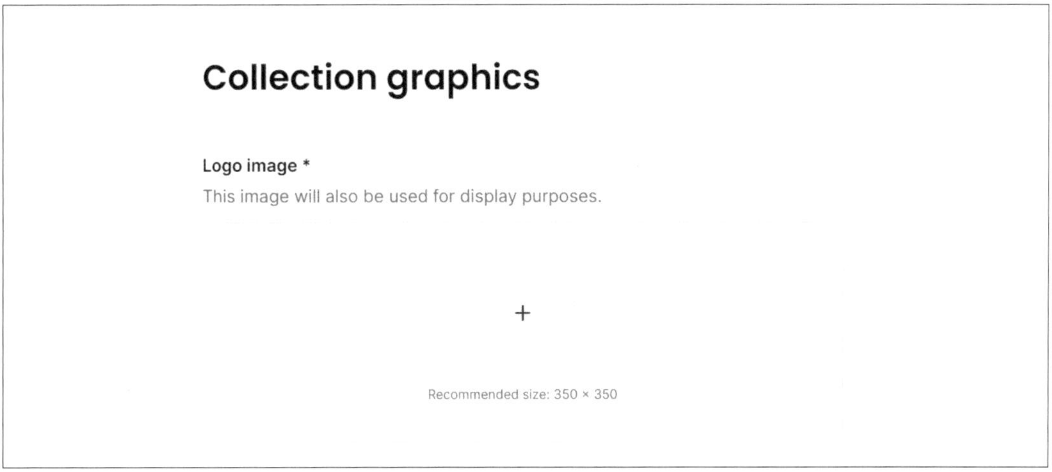

Collection graphics

Logo image *

This image will also be used for display purposes.

+

Recommended size: 350 × 350

図6-18 「Graphics」の設定項目(1):ロゴイメージ

「Featured image」はコレクション一覧ページなどでラベル(アイキャッチ画像)として表示されます。

Featured image

This image will be used for featuring your collection on the homepage, category pages, or other display areas of OpenSea.

+

Recommended size: 600 × 400

図6-19 「Graphics」の設定項目(2):アイキャッチ画像

「Banner image」はコレクションページに掲載されるバナーです。

Banner image
This image will appear at the top of your collection page.
+
Recommended size: 1400 × 350

図6-20 「Graphics」の設定項目(3)：コレクションページのバナー

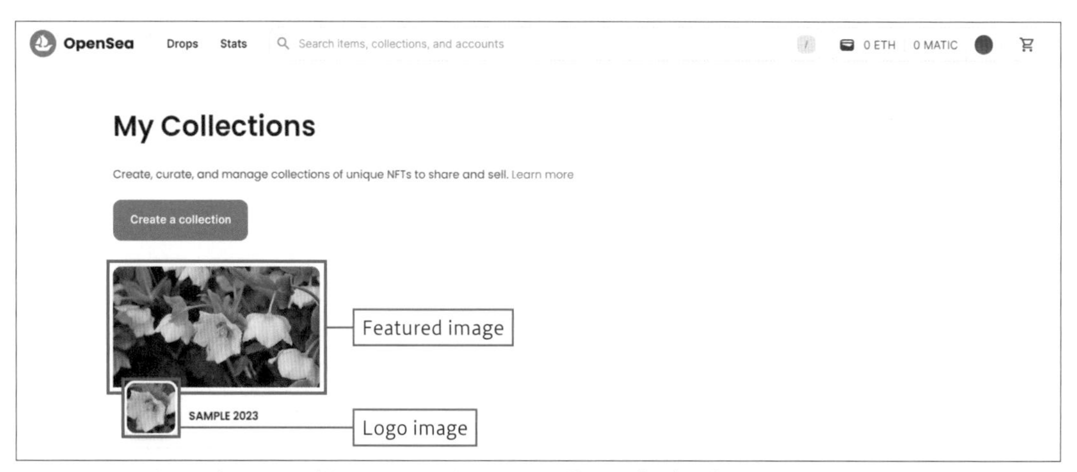

図6-21 Logo imageとFeatured imageはコレクションの一覧ページに表示される

図6-22 Banner imageはコレクションページに掲載される。また、Logo imageはこのページにも表示される

6.Earnings

ロイヤリティのパーセンテージを入力します。

これはNFTの画期的な点なのですが、転売された際にも収入が入るように設定することができます。ひとまず10%くらいでいいでしょう。

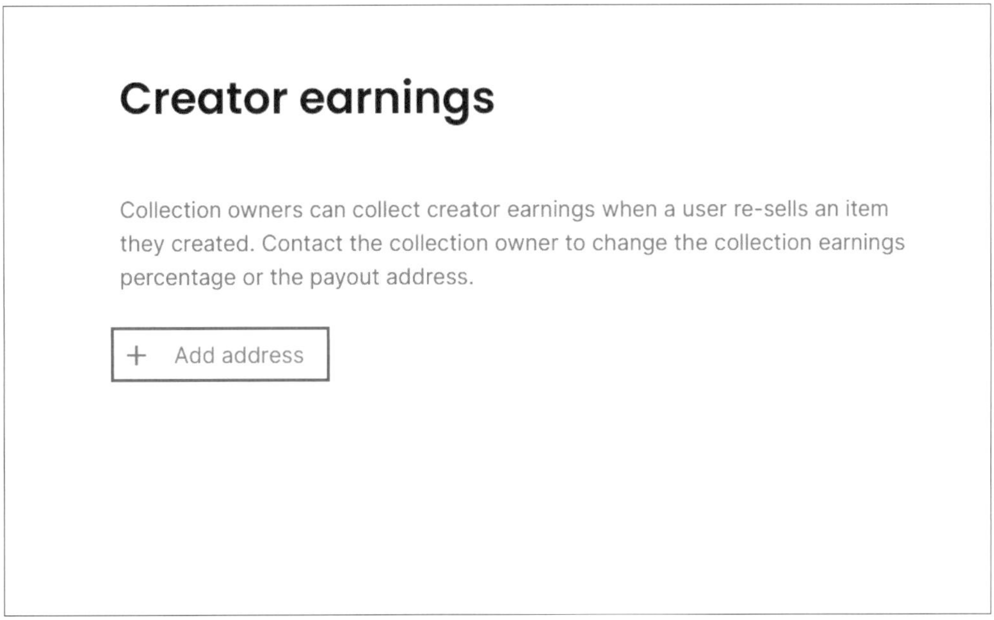

Creator earnings
Collection owners can collect creator earnings when a user re-sells an item they created. Contact the collection owner to change the collection earnings percentage or the payout address.
+ Add address

図6-23 「Earnings」の設定(1):「+Add address」をクリック

Creator earnings
Collection owners can collect creator earnings when a user re-sells an item they created. Contact the collection owner to change the collection earnings percentage or the payout address.
Please enter an address, e.g. 0×1ed3... or destin...
0
%
+ Add address
ウォレットのアドレスを入力
ロイヤリティを入力

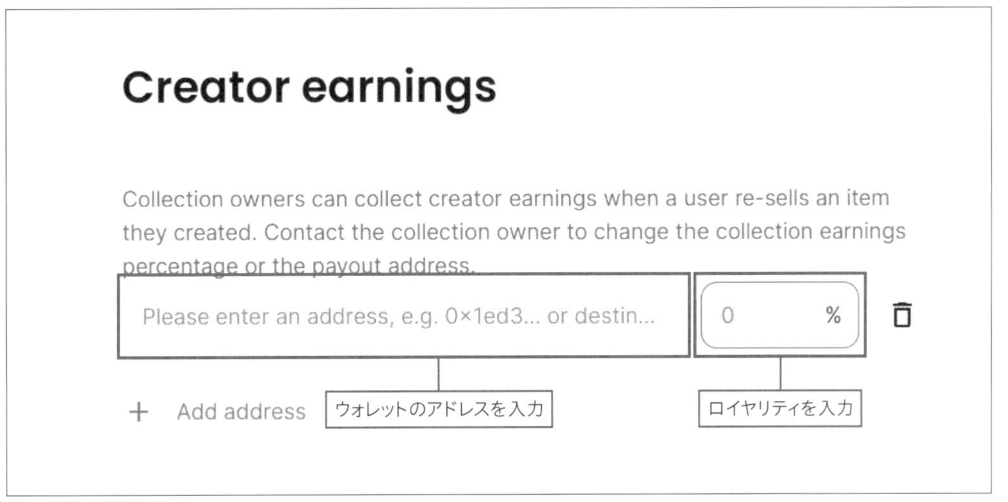

図6-24 「Earnings」の設定(2):「Please enter an address」と書かれている欄にはウォレットのアドレスを入れる

7.Links

「Links」には各種SNSなどのURLを入力しましょう。

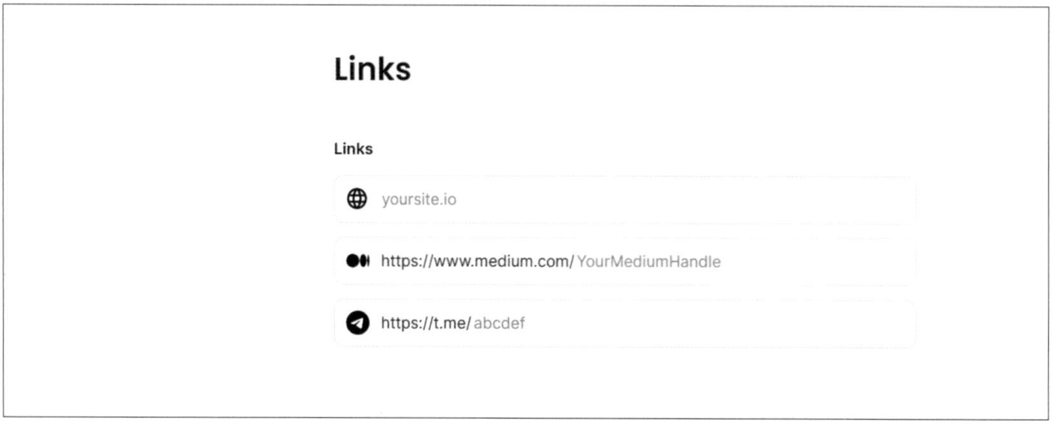

図6-25 「Links」の設定

すべて設定したら「Save collection」をクリックしてください。これでCollectionの作成は完了です。

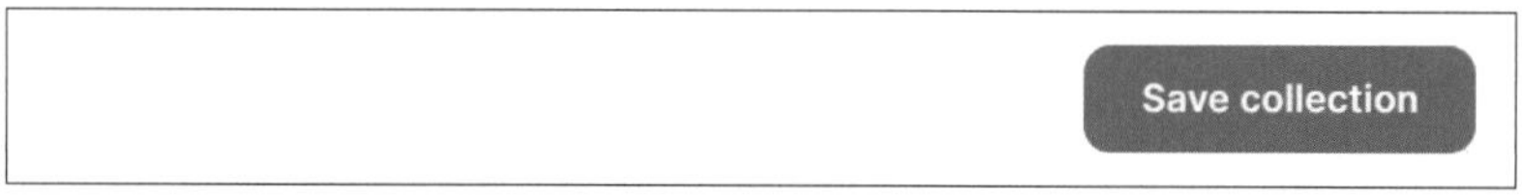

図6-26 画面右下の「Save collection」ボタン

ぜひTwitterなどで発信し、多くの人にあなたのNFTを見てもらいましょう。

第7章

ジェネラティブNFTを発行してみる

NFTを単純に発行するだけであれば、前述のOpenSeaなどプラットフォームを利用する方法がお手軽です。
本章では、それより一歩、二歩進んで、独自コントラクトを実装し、ジェネラティブNFTを発行する方法（の一つ）を解説します！こちらはレベル高めなので、ひとまず読み飛ばしてしまっても大丈夫です。

7-1. ジェネラティブNFTとは？

　ジェネラティブNFTとは、コンピュータによって自動生成されたアートを活用したNFTアートのことです。

　ジェネラティブNFTの生成手法としてよく使われているのが、用意したパーツをプログラムで自動的に組み合わせる方法です。
　レイヤーごとに複数種類のパーツを用意し、コンピュータのプログラムでパーツをレイヤーごとに1つずつランダムに選びます。
　そして、選ばれた各レイヤーのパーツをプログラムで組み合わせて、数十〜数万のデジタルアートを生成します。

　一般的に、ジェネラティブNFTには一つとして同じデザインはありません。

　1万個のジェネラティブNFTのコレクションであれば、世界に一つしかない画像のNFTが1万通り存在します。

　そのような性質からコレクターに人気があり、一つのNFTアートが数百万円で取引されるような大人気ジェネラティブNFTコレクションも増えてきました。
　日本では、インフルエンサーのイケダハヤト氏が手掛けるNinjaDAOから生まれたCryptoNinja Partnersや、イラストレーターのNIKO24氏によるNEO TOKYO PUNKSのNFTコレクションなどが有名です。

　本章では、ジェネラティブNFTの作り方と、そのジェネラティブNFTをあなたのWebサイトでMint（ミント、NFTを発行すること）できるようにする方法の一例をご紹介します。

　なお、MacとWindowsで画面表示や手順が多少違う場合があります。本書に掲載しているスクリーンショットはMacの操作画面です。

図7-1　CryptoNinja Partnersの公式サイト（Copyright © CryptoNinja Partners）

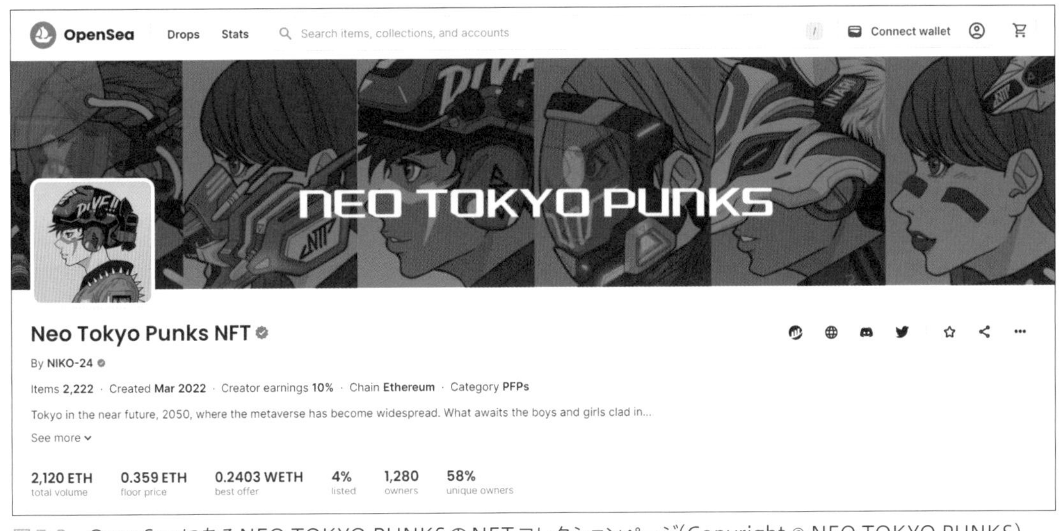

図7-2　OpenSeaにあるNEO TOKYO PUNKSのNFTコレクションページ(Copyright © NEO TOKYO PUNKS)

ジェネラティブNFTの作り方も、Mintサイトの作り方も、ネットでは様々な方法が紹介されていますので、あなたにあった方法を最終的に選んでみてください！

今回は、できるだけコーディングが不要な方法をご紹介します！

7-2. 画像を生成するプログラムを作成 or 入手

ジェネラティブNFTを作成するためには、画像を生成するプログラムが必要となります。プログラムが自分で組める人は自分でやってみるのもいいと思います。

また、オープンソースで配布されているプログラム（ツール）もあります。自分でプログラムを組まなくても、それらを活用することでジェネラティブNFTを作成することができます。例として、本書では「HashLips Art Engine」というツールを紹介します。

「HashLips Art Engine」は、ソフトウェア開発プラットフォームGitHubで公開されているオープンソースのツールです。用意したパーツを組み合わせて複数の異なる画像を自動生成することができます。HashLips Art Engineの実行には、本書では下記を使用します。

- **hashlips_art_engine.zip：HashLips Art Engineの実行ファイルなど一式です**
- **Node.js：JavaScriptの実行環境です**
- **Visual Studio Code：HashLipsのプログラムの編集や実行に使います**

それでは、必要なものを順番にダウンロードしていきましょう。

7-3. 各種ソフトウェアをダウンロード

7-3-1.「HashLips Art Engine」をダウンロード

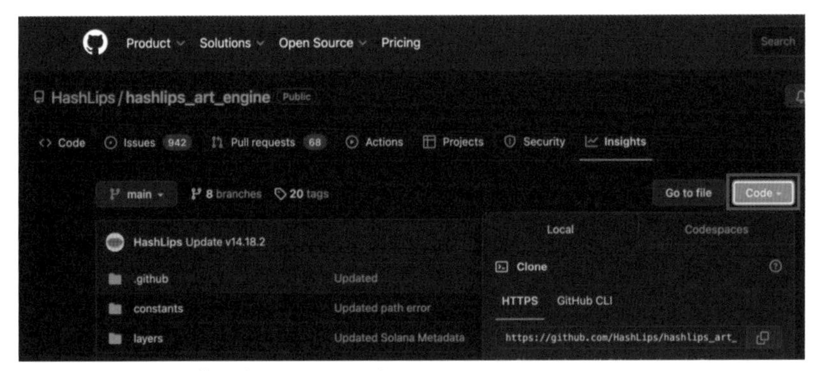

図7-3　GitHubの「HashLips Art Engine」
配布ページ（https://github.com/HashLips/hashlips_art_engine）

上記画像の緑色の「Code」をクリックし、右下に出てくる「Download ZIP」からhashlips_art_engineのZIPファイルをダウンロードします。

ZIPファイルをダウンロードしたら解凍しましょう。

7-3-2. Node.jsをダウンロード

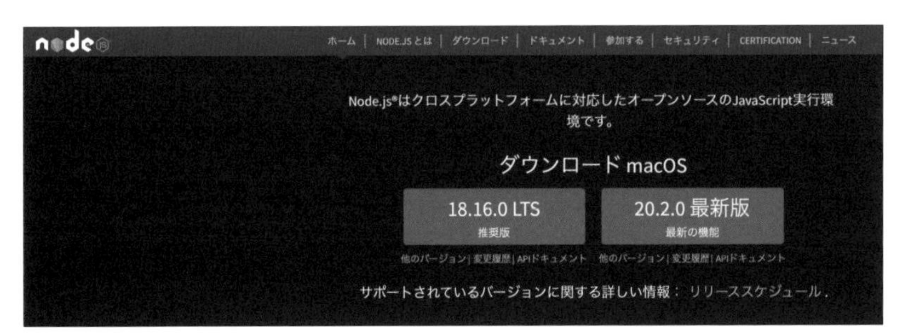

図7-4　Node.jsのサイト

続いて、Node.jsをダウンロードします。Node.jsはJavaScriptエンジン「V8」上に構築されたJavaScript実行環境の1つです。

本書執筆時点で公開されているNode.jsの推奨版の最新のバージョンは「18.16.0」ですが、この時点ではHashLipsは最新版に非対応でした。本書では、執筆時点でHashLipsの実行が確認できた「15.12.0」を使用します。

バージョン「15.12.0」のインストーラは下記からダウンロードできます。Windowsの方は「node-v15.12.0-x64.msi」、Macの方は「node-v15.12.0.pkg」をダウンロードしてください。

・https://nodejs.org/download/release/v15.12.0/

Index of /download/release/v15.12.0/

Name	Date	Size
../		
docs/	17-Mar-2021 20:24	-
win-x64/	17-Mar-2021 20:07	-
win-x86/	17-Mar-2021 20:04	-
SHASUMS256.txt	17-Mar-2021 22:21	2953
SHASUMS256.txt.asc	17-Mar-2021 22:21	3835
SHASUMS256.txt.sig	17-Mar-2021 22:21	566
node-v15.12.0-aix-ppc64.tar.gz	17-Mar-2021 20:19	42928970
node-v15.12.0-darwin-x64.tar.gz	17-Mar-2021 20:24	30469352
node-v15.12.0-darwin-x64.tar.xz	17-Mar-2021 20:24	20403240
node-v15.12.0-headers.tar.gz	17-Mar-2021 20:24	606443
node-v15.12.0-headers.tar.xz	17-Mar-2021 20:24	396596
node-v15.12.0-linux-arm64.tar.gz	17-Mar-2021 19:50	32646935
node-v15.12.0-linux-arm64.tar.xz	17-Mar-2021 19:53	21163504
node-v15.12.0-linux-armv7l.tar.gz	17-Mar-2021 19:47	30329281
node-v15.12.0-linux-armv7l.tar.xz	17-Mar-2021 19:48	18511484
node-v15.12.0-linux-ppc64le.tar.gz	17-Mar-2021 19:46	34658143
node-v15.12.0-linux-ppc64le.tar.xz	17-Mar-2021 19:47	22288524
node-v15.12.0-linux-s390x.tar.gz	17-Mar-2021 19:44	32918144
node-v15.12.0-linux-s390x.tar.xz	17-Mar-2021 19:45	20786760
node-v15.12.0-linux-x64.tar.gz	17-Mar-2021 20:29	32614038
node-v15.12.0-linux-x64.tar.xz	17-Mar-2021 20:30	21767776
node-v15.12.0-win-x64.7z	17-Mar-2021 20:07	17137968
node-v15.12.0-win-x64.zip	17-Mar-2021 20:07	26585058
node-v15.12.0-win-x86.7z	17-Mar-2021 20:04	15975523
node-v15.12.0-win-x86.zip	17-Mar-2021 20:04	24924307
node-v15.12.0-x64.msi	17-Mar-2021 20:08	28864512
node-v15.12.0-x86.msi	17-Mar-2021 20:04	27099136
node-v15.12.0.pkg	17-Mar-2021 21:22	30722296
node-v15.12.0.tar.gz	17-Mar-2021 20:17	62830945
node-v15.12.0.tar.xz	17-Mar-2021 20:21	33102664

Windowsの場合はこちら

macの場合はこちら

図7-5　バージョン「15.12.0」のダウンロード

7-3-3. Visual Studio Codeをダウンロード

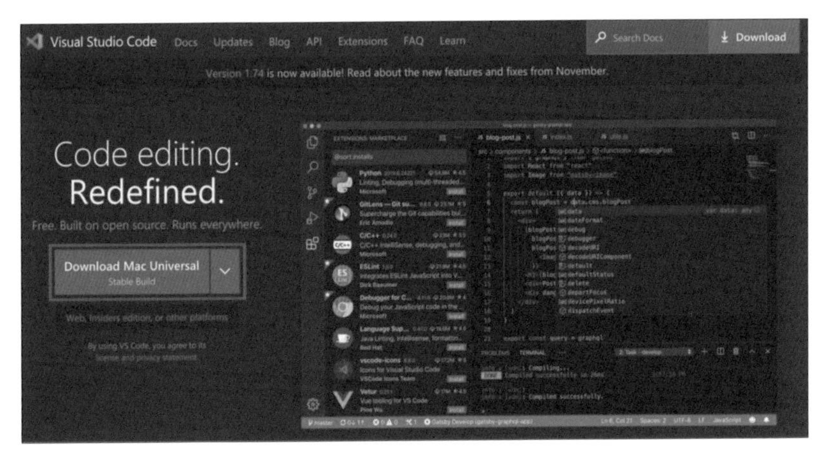

図7-6　Visual Studio Codeをダウンロード

続いて、Microsoftが開発しているWindows、Linux、macOS、Web用のソースコードエディタであるVisual Studio Codeをダウンロードします。

Visual Studio Code ダウンロードページ

・https://code.visualstudio.com/

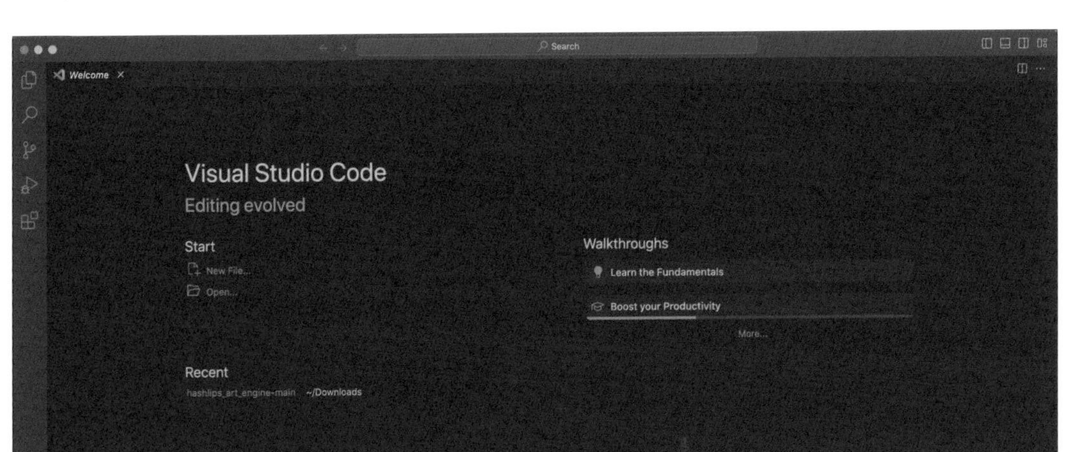

図7-7　Visual Studio Code

7-4. レイヤー画像（パーツ画像）の用意

7-4-1. まずはサンプル画像でもOK

画像を用意するとなるとハードルが高いと感じるかもしれません。「ひとまずジェネラティブNFT作成の手順だけ知りたい」という場合は、hashlips_art_engineのパッケージに含まれているサンプル画像で試すこともできるので、まずはやってみましょう！

7-4-2. レイヤー画像作成のポイント

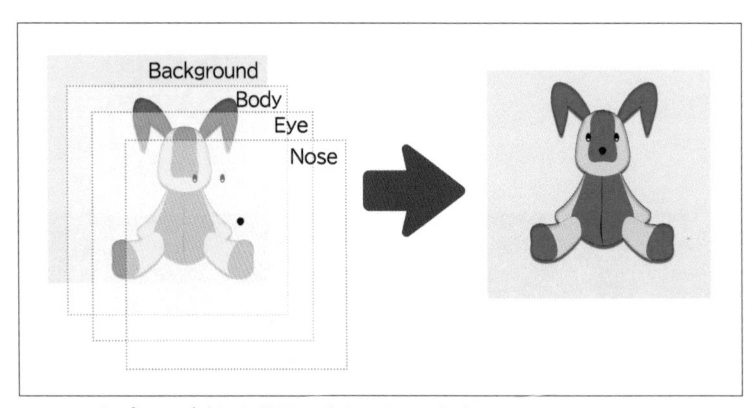

図7-8　各パーツが適切な位置に重なるように作成する

自分で画像を用意したい場合は、下記条件を満たすようにしてください。

- きれいに重なるように、一番下のレイヤー以外は背景を透過
- 重ねたときに適切な位置にパーツがくるようパーツのサイズに気をつけて作成
- 各レイヤーの画像を複数パターン作成

なお、アイビスペイントなどレイヤー機能のあるイラストツールを使うと便利です。

7-4-3. パーツ画像の格納場所

作成したパーツは、「layers」というフォルダの下に格納します。格納する際には、自分の作成したパーツを格納するフォルダを作成しましょう。フォルダ名は、例えば背景用のパーツなら「Background」、顔の輪郭なら「Face」、目なら「Eye」というように、何のレイヤー用のパーツなのかがわかりやすい名称にするとよいです。

なお、HashLips Art Engineの画像ファイルが入っているフォルダ（およびその中の画像ファイル）は、使わなければ削除して構いません。

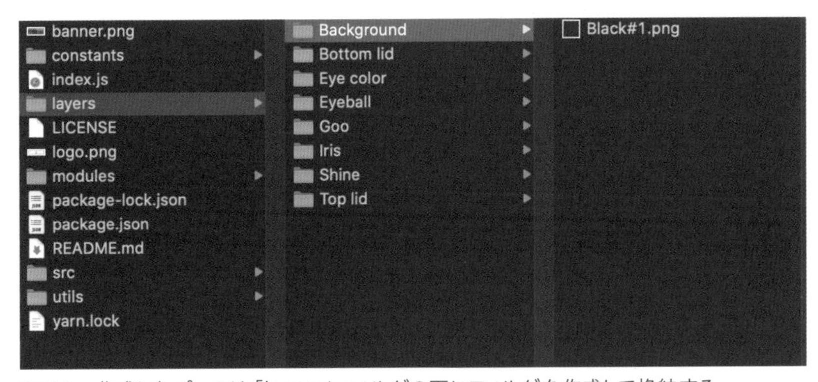

図7-9　作成したパーツは「layers」フォルダの下にフォルダを作成して格納する

練習用サンプルデータ

ジェネラティブNFT作成の練習用にサンプルパーツ画像を用意しました。サポートサイトからダウンロードしていただき、学習にご活用ください。

https://book.mynavi.jp/supportsite/detail/9784839980986.html

第7章

7-5. Visual Studio Codeで画像を生成

7-5-1. 画像生成プログラムを Visual Studio Codeで展開

続いて、Visual Studio Codeに、ダウンロードしたHashLips Art Engineをドラッグ&ドロップします。すると、次のような画面となります。

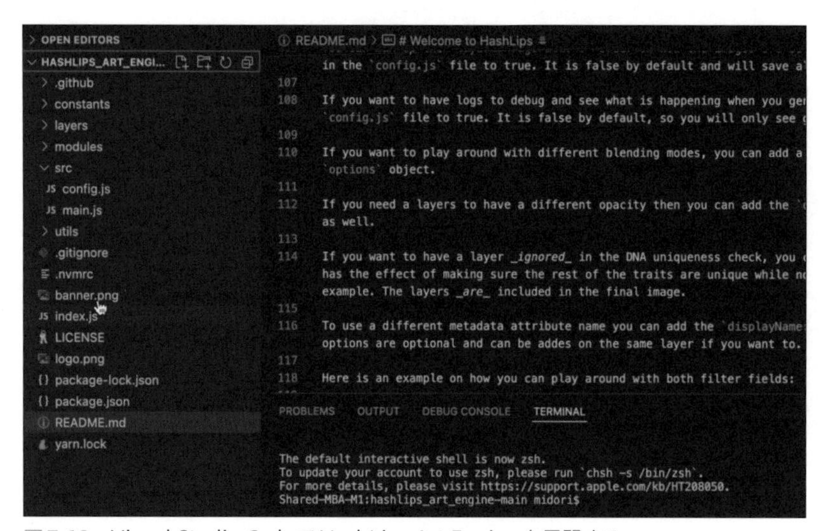

図7-10 Visual Studio CodeでHashLips Art Engineを展開する

7-5-2. HashLips Art Engineの 実行環境を整える

Visual Studio CodeでNew Terminalを開き、Node.jsのバージョンが「15.12.0」になっているかを確認しましょう。

New Terminalを開いたら、「node -v」と打ち込むと現在のバージョンが分かります。

バージョンが異なる場合は、今後の過程でエラーが出る可能性があります。もしもエラーになった場合は改めて「15.12.0」をインストールしてください。

次に、「npm install」と打ち込みます。この操作で、HashLips Art Engine内の「package.json」の記載に従って、HashLips Art Engineの実行に必要なパッケージがインストールされます。

インストールが完了すると、HashLips Art Engine内に「node_module」というフォルダができます。

その中にインストールしたパッケージが格納されています。

以上で、HashLips Art Engineを使う基本的な準備は完了です。

7-5-3. srcのconfig.jsで生成する画像の数を指定

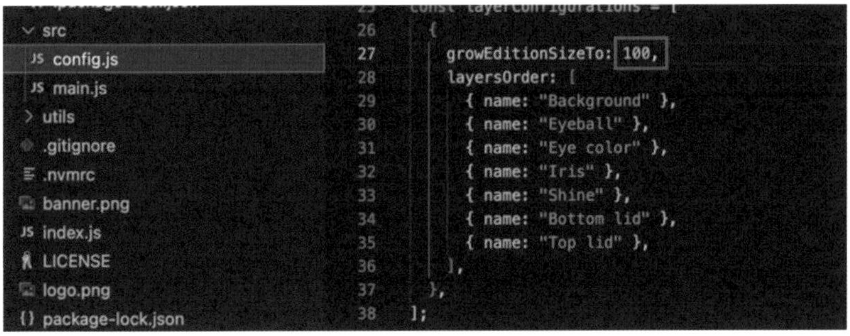

```
src
  config.js
  main.js
utils
.gitignore
.nvmrc
banner.png
index.js
LICENSE
logo.png
package-lock.json
```

```
26    {
27      growEditionSizeTo: 100,
28      layersOrder: [
29        { name: "Background" },
30        { name: "Eyeball" },
31        { name: "Eye color" },
32        { name: "Iris" },
33        { name: "Shine" },
34        { name: "Bottom lid" },
35        { name: "Top lid" },
36      ],
37    },
38  ];
```

図7-11　config.jsの「growEditionSizeTo:」部分を編集

続いて、srcのconfig.jsを編集します。

27行目の「growEditionSizeTo:」のところの数字が作成する画像の数です。好きな数に変えましょう。ここでは「100」にしています。

設定したら、保存しておきましょう。

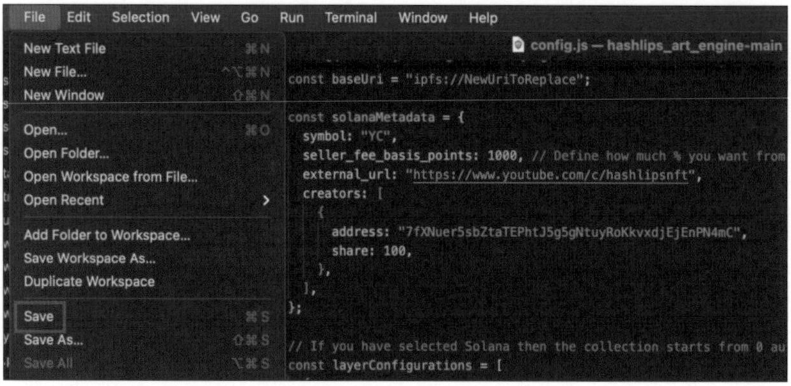

図7-12　設定したら「File」→「Save」で保存

なお、作成できる画像の最大数は、用意しているレイヤー数やパーツ数に依存します。

たとえばHashLipsに付属しているサンプルの場合、下記のレイヤー／パーツが用意されています。

❶ Background 1画像
❷ Bottom lid 3画像
❸ Eye color 6画像
❹ Eyeball 2画像
❺ Goo 1画像
❻ Iris 3画像
❼ Shine 1画像
❽ Top lid 3画像

この場合、各レイヤーの中から各1つずつ画像を選択して組み合わせる場合、324パターンの異なる画像を作ることができます。

7-5-4. srcのconfig.jsの要素を用意したパーツに合わせる

サンプル画像をそのまま使う場合であればこちらの操作は不要ですが、ご自身で画像を用意される場合は、srcのconfig.jsの要素を用意したパーツに合わせる必要があります。

config.jsに記載のある「layersOrder」の「{ name:" "}」の部分を、パー

ツ画像を格納したフォルダ名にします。

ここでは、一番下のレイヤー用のフォルダから順に記載していきます。一般的には背景画像からとなります。

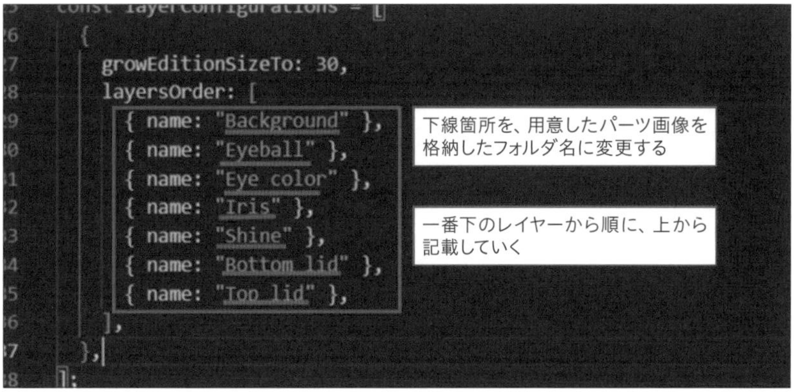

```
const layerConfigurations = [
  {
    growEditionSizeTo: 30,
    layersOrder: [
      { name: "Background" },
      { name: "Eyeball" },
      { name: "Eye color" },
      { name: "Iris" },
      { name: "Shine" },
      { name: "Bottom lid" },
      { name: "Top lid" },
    ],
  },
];
```

下線箇所を、用意したパーツ画像を格納したフォルダ名に変更する

一番下のレイヤーから順に、上から記載していく

図7-13 「layersOrder」の「{ name:" "}」をパーツを格納したフォルダ名にする

なお、この順番を間違うとパーツが思った通りに重ならないので注意してください。

7-5-5. 画像を生成

続いて、Terminalで「npm run build」と打ちます。

そうすると、設定した数の画像がジェネレイト（生成）されます。あれよあれよという間に、重複なく100通りの画像が生成されるさまを眺めるのは気持ちがよいです。

これを手動でやったらどれだけの時間がかかるのかと考えるとゾッとします。コンピュータが得意なことはコンピュータに任せて、人間は人間にしかできないことに時間と労力を使いたいものですね。

生成された画像は「build」フォルダの「images」の中に保存されます。

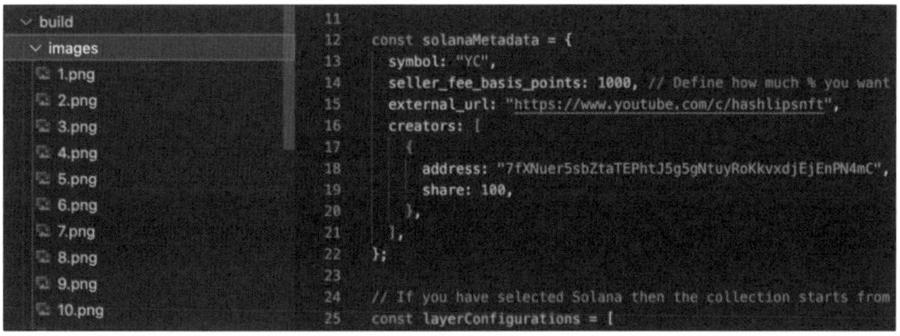

```
build
  images
    1.png
    2.png
    3.png
    4.png
    5.png
    6.png
    7.png
    8.png
    9.png
    10.png
```

```
11
12 const solanaMetadata = {
13   symbol: "YC",
14   seller_fee_basis_points: 1000, // Define how much % you want
15   external_url: "https://www.youtube.com/c/hashlipsnft",
16   creators: [
17     {
18       address: "7fXNuer5sbZtaTEPhtJ5g5gNtuyRoKkvxdjEjEnPN4mC",
19       share: 100,
20     },
21   ],
22 };
23
24 // If you have selected Solana then the collection starts from
25 const layerConfigurations = [
```

図7-14 「build」下にある「image」内に生成された画像が格納される

第7章

7-6. thirdwebで新たなコントラクトを作成

7-6-1. thirdwebとは？

thirdwebは、ノーコードでNFTやマーケットプレイス、トークン、コントラクトなどを作成することのできるツールです。thirdwebを利用して作成したNFTの収益の一部が手数料として徴収されますが、利用自体は無料です。

ちなみに、thirdwebは注目のWeb3系スタートアップ企業の一つです。Coinbase Venturesなどから投資を受け、執筆時点で2,400万ドルの資金調達に成功しています。

7-6-2. ウォレットを接続

他のWeb3サービスと同様、thirdwebにもMetaMaskなどのウォレットを接続します。

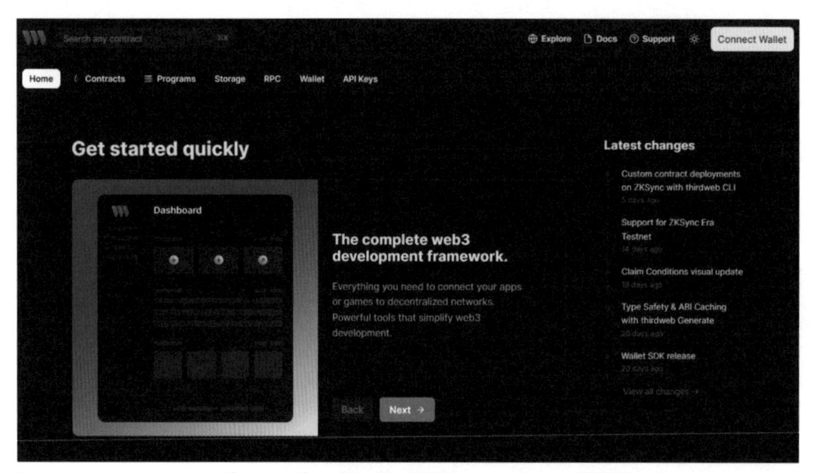

図7-15 thirdwebのダッシュボードにアクセスしてウォレットを接続する（https://thirdweb.com/dashboard）

7-6-3. コントラクトを作成

thirdwebにウォレットを接続したら、コントラクトを作成しましょう。

以下の流れで「NFT Drop」(thirdwebに用意されている、NFT用のコントラクト)の設定画面を開きます。

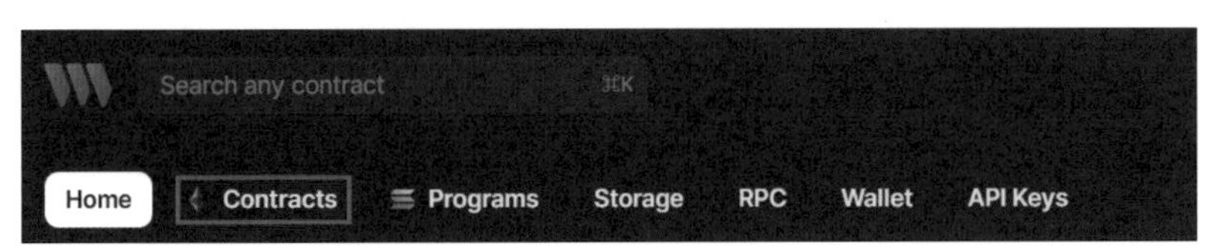

図7-16　①ダッシュボードのメニューの「Contracts」を選択

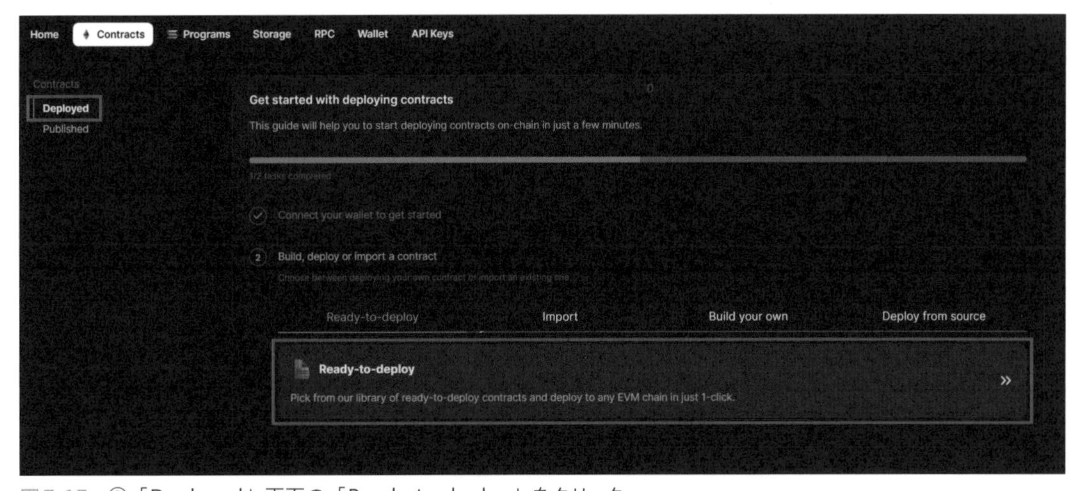

図7-17　②「Deployed」画面の「Ready-to-deploy」をクリック

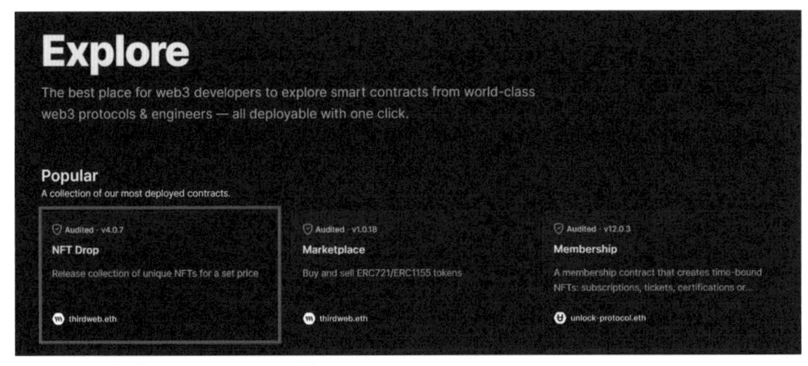

図7-18　③「NFT Drop」を選択

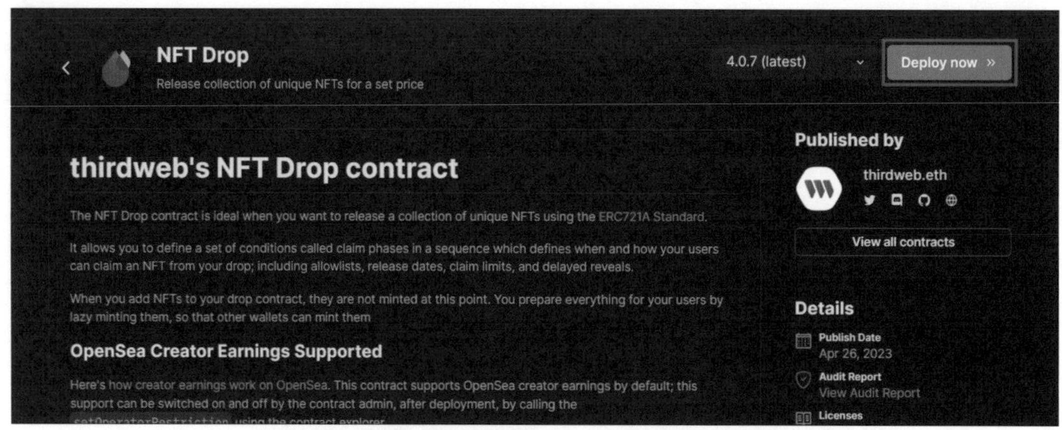

図7-19　④右上にある「Deploy now」ボタンをクリック

NFT Dropの設定画面で、基本情報を入力していきます。

ここでは、コントラクト名（NFTのコレクション名などにするといいでしょう）、シンボル名（コントラクトの略称）、説明文、イメージ画像、そして取引ごとに発生するフィー（ロイヤリティ）、NFTを発行するブロックチェーンの設定ができます。

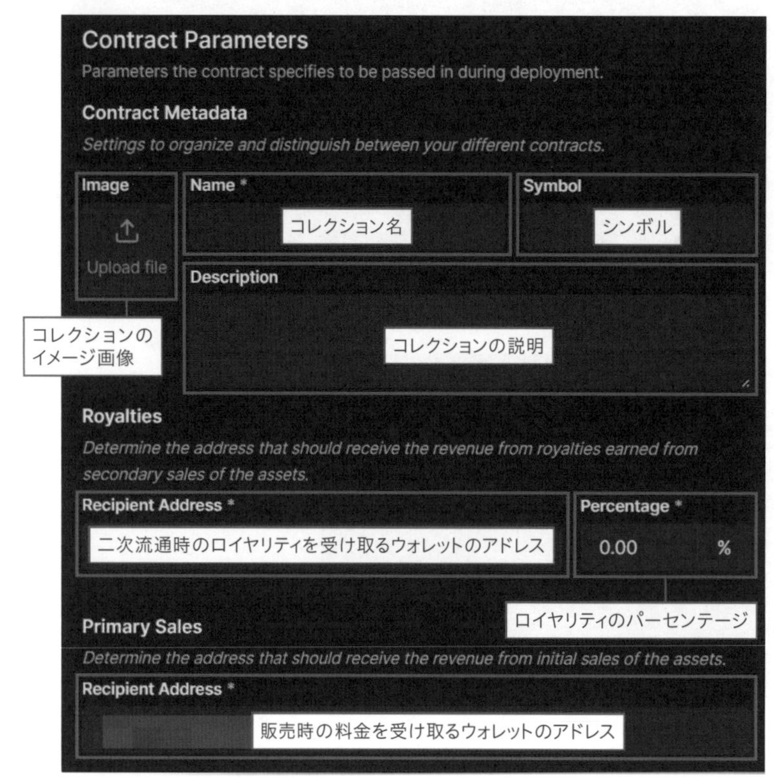

図7-20
コントラクトの基本情報設定画面（1）

ロイヤリティ設定のパーセンテージ欄は、二次流通時に受け取れるロイヤリティの割合の設定です。

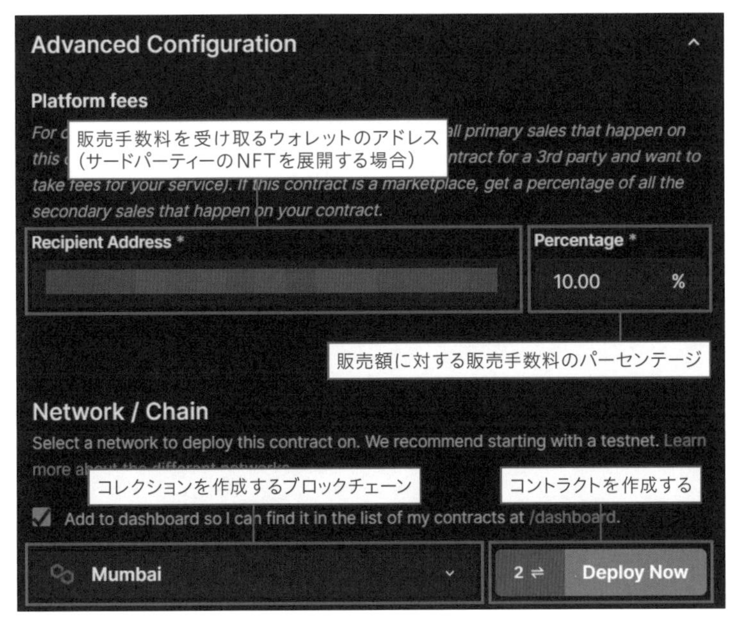

図7-21　コントラクトの設定画面（2）

プラットフォームフィーのパーセンテージ欄は、サードパーティーのNFT（第三者のNFT）を販売する場合に受け取る販売手数料の割合の設定です。

ネットワーク／チェーンは、ブロックチェーンの選択です。練習の場合、ネットワークはGoerliなどテストネットでも大丈夫です。そうすれば、デプロイ時の手数料（ガス代）を負担せずに好きなだけ練習できます。なお、テストネット用のトークンは、Polygon Faucet（https://faucet.polygon.technology）などで取得することができます。9章「9-1-2. テスト用のMATICを入手」にてテストネットのトークンの取得の流れを解説しています。

各項目の入力が完了したら、「Deploy Now」ボタンをクリックします。一度デプロイすると設定変更はできないので注意しましょう。

第7章

7-7. ジェネラティブNFT用の画像・メタデータのアップロード

「Contracts」内に、作成したコントラクトが表示されています。作成したコントラクトの名前をクリックしてください。

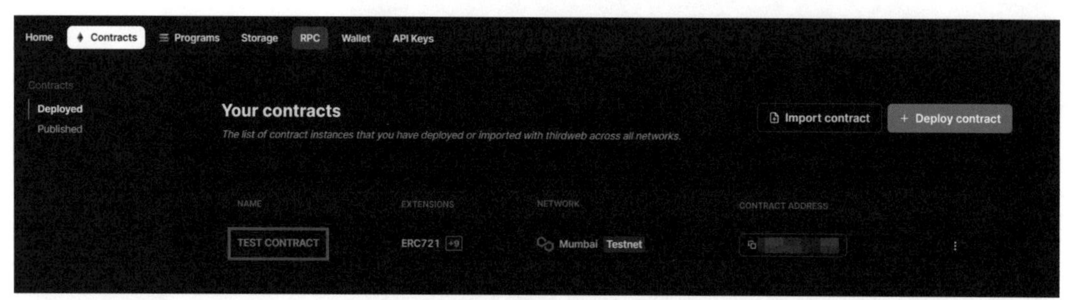

図7-22　作成したコントラクトの名前をクリック

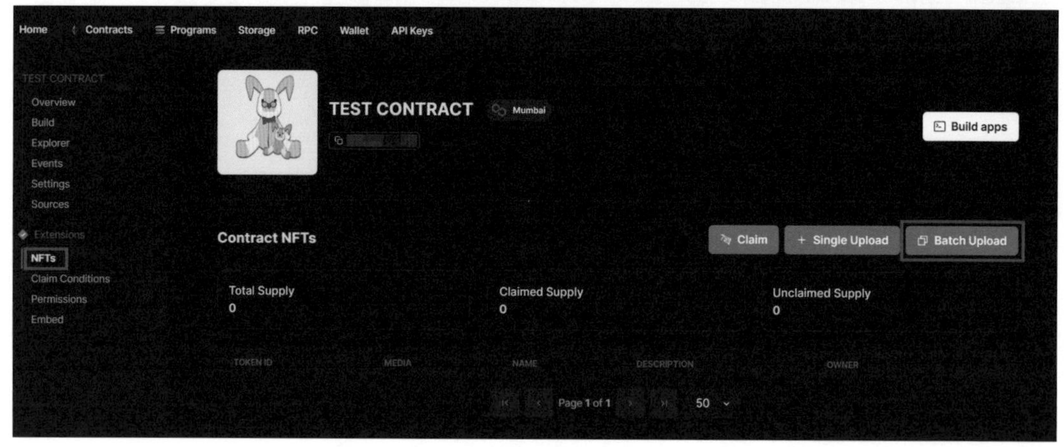

図7-23　左側のメニュー「NFTs」を選択し、表示された画面内にある「Batch Upload」をクリック

続いて、「Batch Upload」から作成したジェネラティブアートのデータをアップロードします。アップロードするのはhashlips_art_engineの「build」に格納された「image」とimageのcsvが含まれたフォルダです。

csvのイメージは下記です。各アートの名前や説明、画像ファイルの名前を入れておきましょう。

thirdweb-batch-upload-csv

name	description	image
token-name-0	this is example nft token no.0	./0.png
token-name-1	this is example nft token no.1	./1.png
token-name-2	this is example nft token no.2	./2.png
token-name-3	this is example nft token no.3	./3.png
token-name-4	this is example nft token no.4	./4.png
token-name-5	this is example nft token no.5	./5.png
token-name-6	this is example nft token no.6	./6.png
token-name-7	this is example nft token no.7	./7.png
token-name-8	this is example nft token no.8	./8.png
token-name-9	this is example nft token no.9	./9.png
token-name-10	this is example nft token no.10	./10.png

図7-24　csvの例

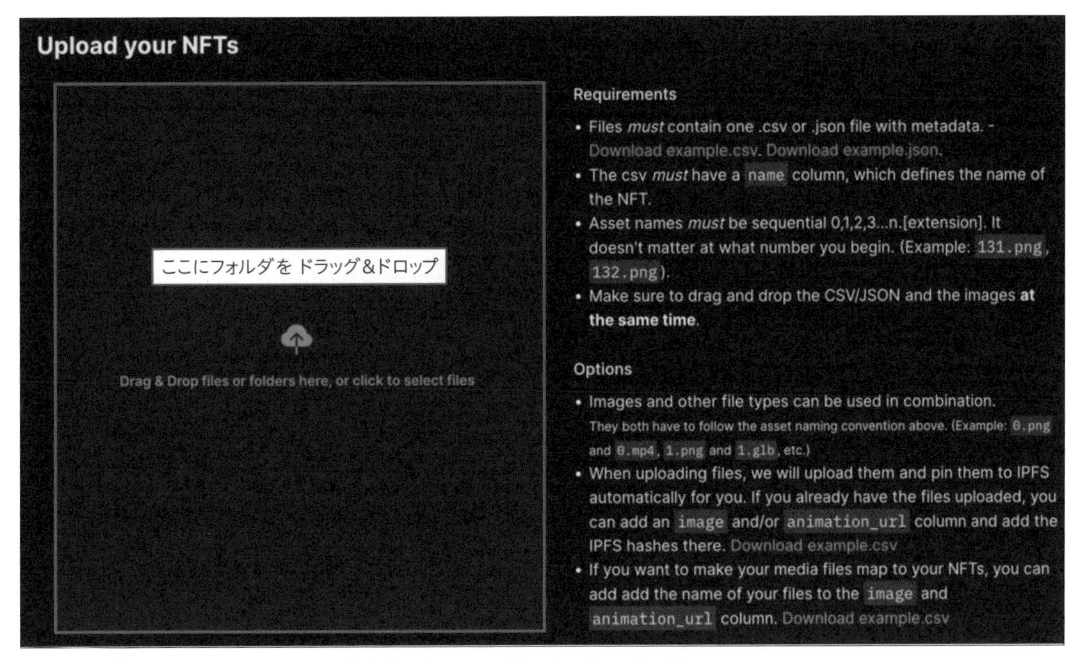

図7-25　「image」とimageのcsvが含まれたフォルダをアップロードする

「Reveal upon mint」か「Delayed Reveal」を選択します。

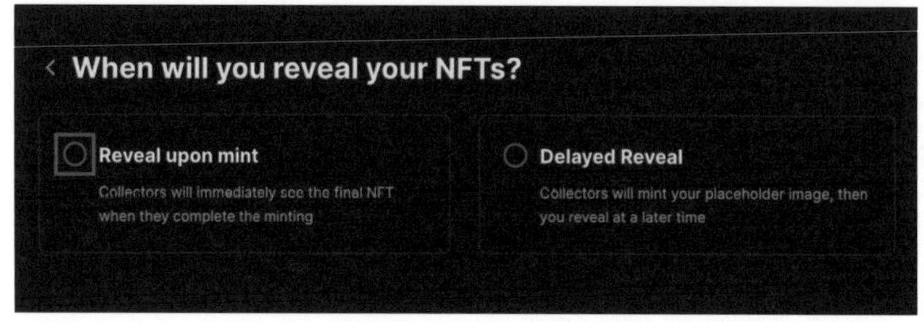

図7-26 「Reveal upon mint」を選択

今回は「Reveal upon mint」を選択した場合を例にしています。

「Reveal upon mint」を選択し、「Upload 100 NFTs」をクリックします(100は今回アップロードした画像の数です)。

なお、「Shuffle the order of the NFTs before uploading. This is an off-chain operation and is not provable.」のところのチェックボックスにチェックを入れると、NFTの順番をランダムにして発行することもできます。

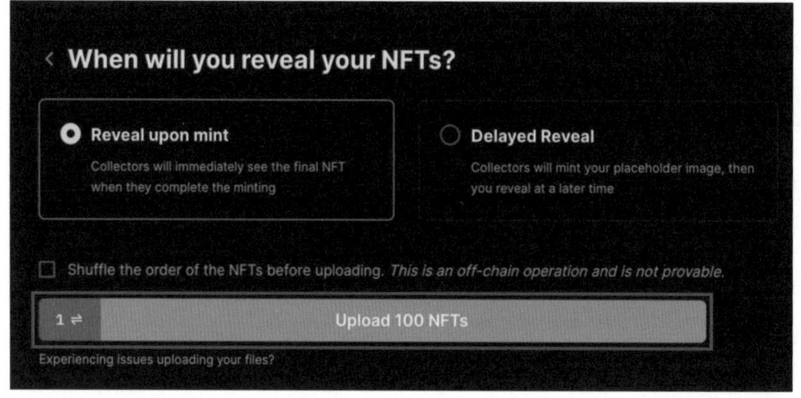

図7-27 「Upload 100 NFTs」をクリック(「100」の部分はアップロードした画像の数)

ウォレット(Wallet)が起動するので、「Confirm」をクリックします。

7-8. ユーザーがジェネラティブNFTをMintできるようにClaim Phaseを設定

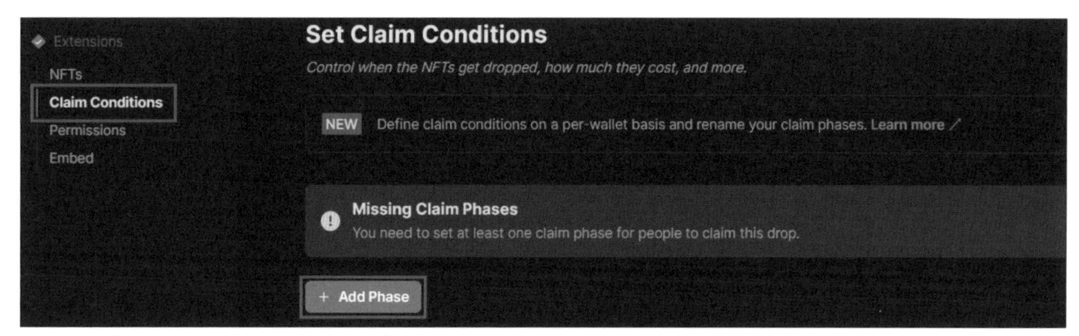

図7-28 「Claim Conditions」画面の「Add Phase」をクリックして設定画面へ

「Add Phase」をクリックします。

図7-29 Phaseの設定画面

各項目に条件を入力します。なお、「Phase」は複数設定できます。

ホワイトリスト（指定アドレスのみが購入できる）やプレミントなど、段階的なNFTのリリースを計画している場合は、Phaseごとに条件を設定しましょう。設定が終わったら保存します。

7-9. 自分のWebサイトにジェネラティブNFTのMint機能を設置

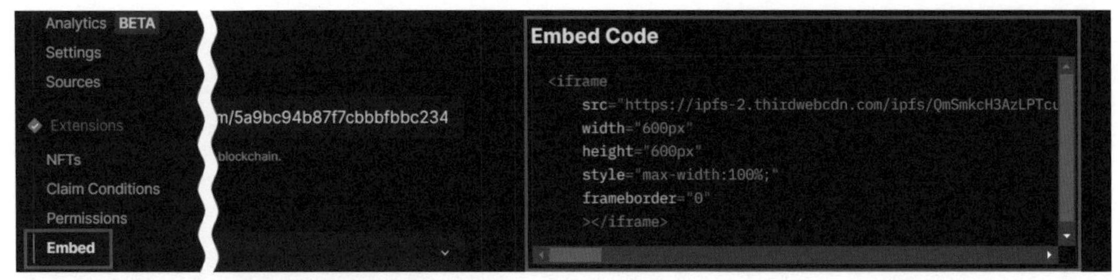

図7-30　Mint機能を設置するためのコードを取得

「Embed」からNFTのMint機能を設置できるコードを取得しましょう。

このコードをコピーしてWebサイトに組み込むと、作成したジェネラティブNFTをMintする機能をあなたのWebサイトに設置することができます。

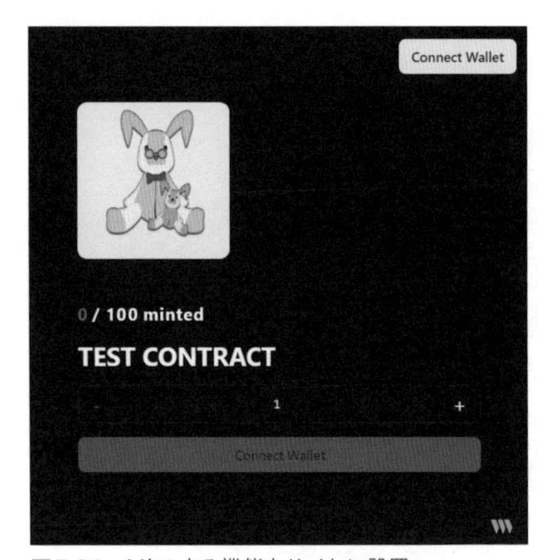

図7-31　Mintする機能をサイトに設置

Mintサイトを独自に作る方法もありますが、ある程度の知識を要することになるでしょう。そのため、WordPressなどで自分のWebサイトを作り、そこにコードを組み込んで設置する方が簡単です。

第8章

STEPNで歩いて暗号資産を獲得してみる

Move to Earnという「動いて（Move）稼ぐ（Earn）」サービスがあります。2022年の3月くらいから徐々に日本でも盛り上がり、例えば「10分歩くだけで1万円相当の暗号資産を獲得する」ことを実現して、今までの常識を破壊したのがSTEPNというアプリでした。ここでは、そのSTEPNについて解説します！

8-1. STEPNとは？

STEPN（ステップン）は、毎日歩いたり走ったりすることでお金を得ることができる、Web3ライフスタイルアプリです。従来の常識では考えづらかった、ユーザーが健康的にお金を得られる仕組みを提供しています。革新的ですね！

開発したのは、オーストラリアに拠点を置くFind Satoshi labというフィンテックスタジオです。

STEPNは、Sequoia Capital IndiaやSolana Venturesという著名なVC（ベンチャーキャピタル）から出資を受けたり、大手スポーツブランドとコラボして限定のNFTスニーカーを販売したりと、数あるMove to Earn（Move2Earn, M2E）アプリの中でも特に知名度が高いです。

日本でも2022年3月～5月あたりに大きな盛り上がりを見せました（あまりにも労働（運動）に対する報酬が大きかったこともあり、5月に一度バブルが崩壊しています）。

STEPNでは、GSTとGMTという2つのトークンが用いられます。GSTは**ユーティリティトークン**（特定のコミュニティやサービス内で商品の購入に使えるトークン）、GMTは**ガバナンストークン**です。

GSTを歩いて、または走って貯められるほか、2つのトークンともSTEPNアプリ内や大手暗号資産取引所のBybitなどで取引することができます。

また、iOS版では2023年5月22日にApple Payに対応しています。これにより、Apple Payを通じてゲーム内で使用できるポイント「STEPN Spark」を購入できるようになりました。

8-2. STEPNの優れている点

一度バブルが崩壊したとはいえ、STEPNの実績、および世界に示したMove to Earnアプリの可能性は非常に大きいものだったといえます。

STEPNが今後復活するかどうかはわかりませんが、これからのMove to Earnアプリ、さらにはもっと広く、X to Earnアプリ(Play to EarnやSleep to Earn含む)全体においても大きな参考事例になることは間違いないでしょう。そのため、本書ではSTEPNを例に挙げて解説します。

ここでは、STEPNの優れている点をいくつか挙げます。

1. 仕組みが簡単
2. 報酬が大きい(大きかった)
3. 強い依存性がある

これ以外にもいろいろあるのですが、多くの人に伝わりやすいものだとこの3つが大きいと思います。

STEPNという成功事例を振り返ると、この3つの特徴はWebサービスが受け入れられ、多くのユーザーを獲得するために非常に重要な要素だと確信します！　一つずつ解説します。

8-2-1. 仕組みが簡単

現代人は基本的に常に忙しいですし、多くの魅力的なサービスがすぐ手の届くところにあります。そのため、仕組みが簡単かつサービスが魅力的でないと、機能を十分楽しむまでに諦めてしまったり、ほかのアプリに目移りしてしまうことも多々あります。

仕組みが複雑ですぐに理解することができないMove to Earnアプリは少なくないため、Next STEPNを探している人の中には、仕組みが簡単であることの重要性を実感している人も多いのではないでしょうか。

STEPNでは、NFTのスニーカーを買ってしまえば、あとはアプリを数タップして歩くか走るだけで暗号資産を獲得できます。

アプリの初期設定やスニーカーを買うために暗号資産を送金したりする手間はかかりますが、それは最初だけです。得意な人にお願いしてアプリの設定をし、NFTスニーカーを買ってしまえば、ビットコインの「ビ」の字も知らないような暗号資産初心者の子どもやご老人でも、STEPNで暗号資産を獲得することができるでしょう。

8-2-2. 報酬が大きい（大きかった）

STEPNではGSTの価格が高い時期であれば1日10分歩くだけで1万円相当の暗号資産を獲得できるなど、詐欺を疑わずにはいられないようなことが現実に可能になっていました。国民全員がSTEPNをやれば老後2,000万円問題も解決できるのではないかと半ば本気で考える人もいたくらいです。

GSTの価格が大暴落した後の2022年6月以降でも、10分歩いて100円、200円相当の暗号資産を獲得できたりしました。“歩く”という行為が経済活動になり得なかった時代からすると非常に革命的であるといえますね！

8-2-3. 強い依存性がある

上記二つの要素があって成立するものではありますが、STEPNは非常に依存性が高いアプリでした。ギャンブル好きがハマりやすいともいえるかもしれません。

というのも2022年4月、5月のSTEPNのバブル期には、数十万円、数百万円借金してSTEPNに参入するという人も現れ、TwitterなどSNS上で話題になりました。初期投資として必要な金額は高い時でも20万円ほどでしたが、初期投資が多いほど日々の報酬も大きくなるため勝負に出た人もいたのです(当時はやり方によっては1週間ほどで原資を回収することも場合によっては可能でしたが、冷静に考えればかなりギャンブルに近いですよね？)。

そして、このバブルを象徴するようなユーザーの行動を、ある種、英雄視するような空気も一部にありました。

人間の行動原理は太古の昔から本質的にはそんなに変わらないものだと思いますので、STEPNの魔力を理解し、今後のサービス利用や投資で痛い目に極力合わないようにしていきたいですね！

逆に、あなたがWebサービスを開発・運営するのであれば、STEPNの持つ魅力はサービスを作る上で参考になる部分も少なくないのではないでしょうか。

第8章

8-3. STEPNは ポンジ・スキームなのか？

インターネットでSTEPNを調べると、「ポンジ・スキーム」という言葉を見かけるかもしれません。ポンジ・スキームとは、アメリカで天才詐欺師といわれたチャールズ・ポンジの名前が由来となったスキームです。

ポンジ・スキームでは、「運用益を配当金として支払う」と言って資金を集めるものの、実際には運用しません。新しい出資者からの出資金を配当金として支払いながら、破綻することを前提にお金を騙し取る手法となっています。

新しい出資者からの出資金が入り続ければ配当金を支払い続けることもできますが、新しい出資者が増えなければいずれ配当金を支払うことができなくなるのです。

STEPNをはじめ、X to Earnプロジェクトはポンジ・スキームといわれることもあります。確かに新規参入者が多い方が明らかに勢いがあり、先行者ほど大きな利益を掴みやすいという点では少し似ていますが、X to Earnプロジェクトはポンジ・スキームとは必ずしもいえません。

怪しい詐欺プロジェクトはポンジ・スキームの可能性もありますが、まともに運営しているプロジェクトではNFT売買の手数料収入など出資金以外にも収入がありますし、貰えるトークンの価格が下がったとしても、払われ続けている限り破綻とはいえません。

そのため、怪しいプロジェクトは避けつつ、将来性の高いしっかり運営されていそうなX to Earnプロジェクトであれば、参加・利用を検討してみるのもいいでしょう。

8-4. STEPNの始め方

それでは、STEPNの始め方を解説します。

8-4-1. STEPNのスマホアプリをインストール

まずはSTEPNのスマホアプリをインストールしましょう。なお、本書ではiOS版の画面で説明していますが、Android版もあります。

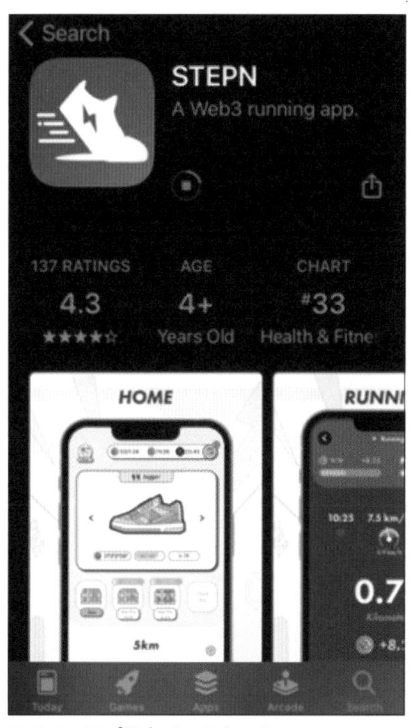

図8-1　アプリをインストール

iOS版

Android版

第8章

8-4-2. メールアドレスで登録

アプリをインストールしたらメールアドレスを入力し、メールで送られてくる認証番号を入力しましょう。

Activation Codeを入力

STEPNは招待制になっているので、Activation Codeという招待コードを入力する必要があります（ご登録のタイミングなどによっては不要な場合もあります）。既にSTEPNをしている家族や友達にもらうか、TwitterやDiscordなどで探してみましょう。

Web3総合研究所のLINE［ID：@257tireg］にお問い合わせいただければ、提供できる可能性があります（1度に一人にしか提供できないため、数日お待ちいただく可能性があります）。

[STEPN] Your STEPN verification code

Your STEPN verification code is:
Please complete the account verification process in 10 minutes.

Beware : Do not share this code to anyone!!!

図8-2　認証番号の通知メール

8-4-3. Walletを作成

無事に登録できたら、トークンを保管するウォレット（Wallet）を作成します。

ウォレットを作成する過程では、Secret Phraseを記録し、再度枠内に入力します。Secret Phraseは複数の英単語からなるフレーズです。

MetaMaskなどほかのウォレットと同じくですが、Secret Phraseは絶対に他人に教えないようにし、スマホが壊れてもウォレットを復元できるように紙などにも書いて安全なところに保管しておきましょう。

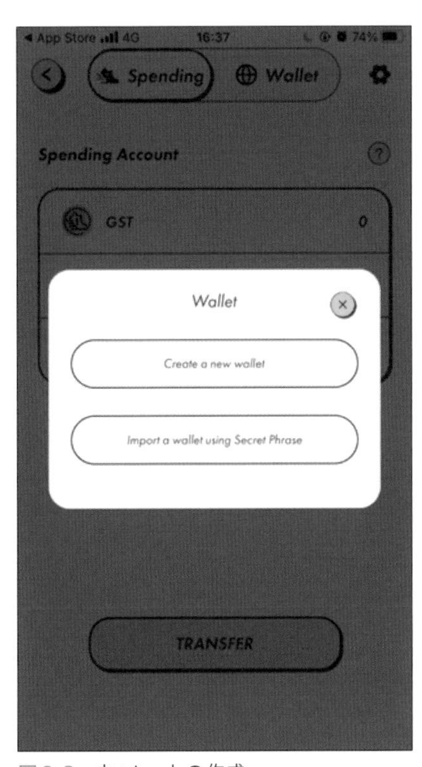

図8-3　ウォレットの作成

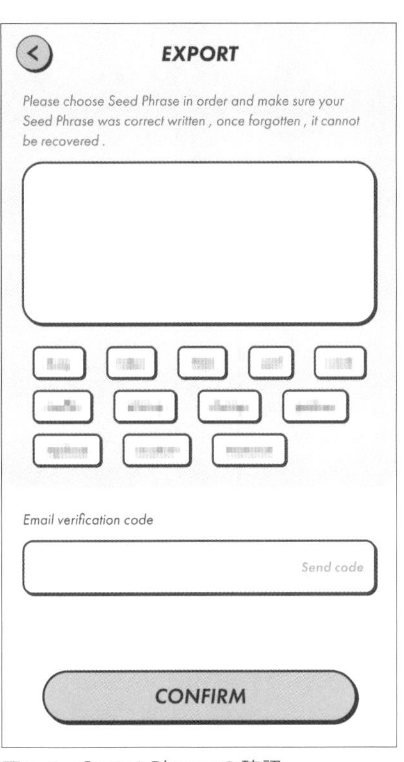

図8-4　Secret Phraseの確認

第8章

8-4-4. ウォレットにSolanaを送金

ウォレットができたら、NFTの靴を購入するために暗号資産（仮想通貨）のSolana（SOL）を入れる必要があります。日本の取引所から送金したい場合は、前述のGMOコインからあなたのSTEPNのウォレットのアドレスに送金しましょう。

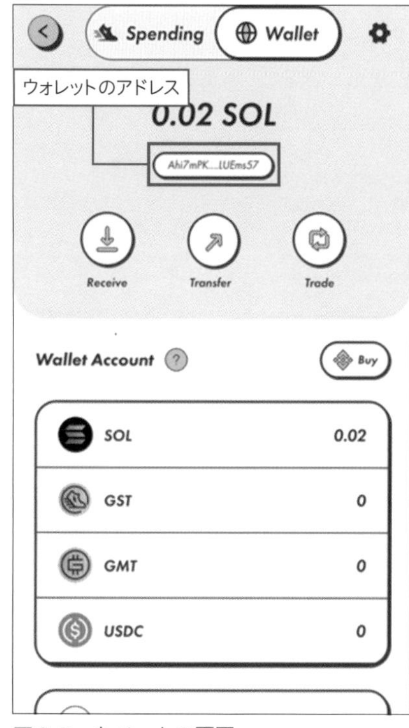

図8-5　ウォレットの画面

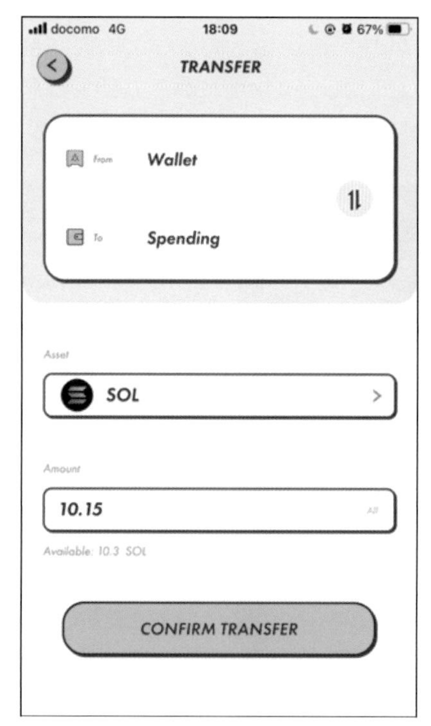

図8-6　Solanaを送金する

ここでも、送金先アドレスを間違えるとあなたの大切なSolanaはどこかに消えてしまいますので、まずは少額で本当に送金できるか試してから十分な額のSolanaを送金しましょう。

Solanaをウォレットに入れたらSTEPNアプリ内でSpendingという口座にSolanaを移します。

そうするとNFTの靴を購入できるようになるので、好みの靴を購入しましょう。

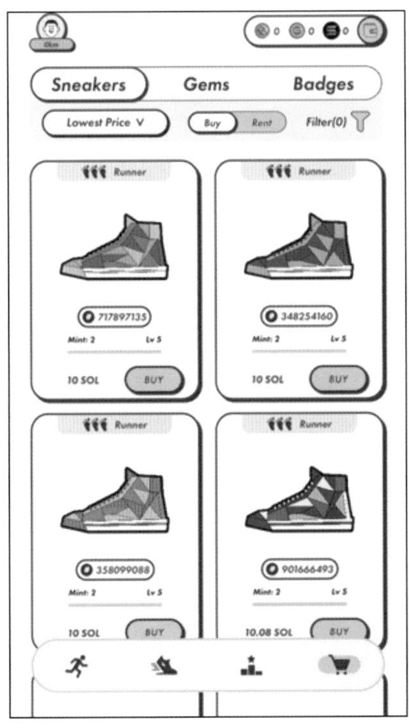

図8-7　様々な種類のNFTの靴が用意されている

靴の種類は複数あり、種類によってどのくらいの速さで歩く、または走る必要があるか変わりますので、自分が続けやすい靴を購入しましょう。

8-5. STEPNで暗号資産を獲得してみる

8-5-1. 毎日歩く or 走ってGSTを獲得

基本的には毎日、歩いて（または走って）GSTを獲得しましょう。非常に簡単です。なかなかダイエットに成功しなかった人も報酬がもらえるなら歩くことが習慣化されるようで、私の友人が何人もSTEPNで減量に成功していました。

ちなみに、6時間に4分の1ずつエナジー（右上の稲妻マーク）が回復するので、24時間に一度も歩かないとエナジーが無駄になってしまう（使わないうちに上限いっぱいになってしまう）ので、24時間に一度は歩くようにしましょう。

図8-8　スタート画面

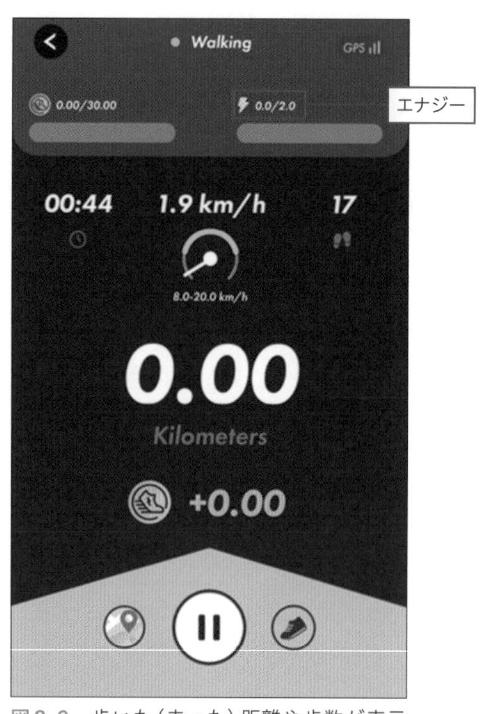

図8-9　歩いた（走った）距離や歩数が表示される

8-5-2. NFTの靴をRepair（リペア、修理）

NFTの靴は適宜Repair（リペア、修理）する必要があります。靴の耐久性レベルが50を下回ると獲得できるGSTの数が少なくなってしまいます。靴の耐久性レベルが50を下回らないようにRepairしましょう。

RepairにはGSTが必要です。しっかり歩いてGSTを獲得し、忘れずにRepairしましょう。

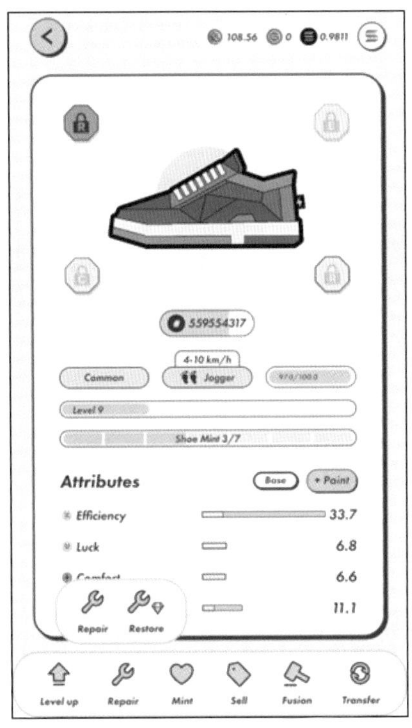

図8-10
靴のリペア画面

8-5-3. NFTの靴のレベルアップ

NFTの靴をレベルアップすると、獲得できるGSTが増えます。レベルを上げるには、レベルごとに決められた費用（GST）と一定の時間をかける必要があります。

できるだけ少ない投資で早く原資を回収することを考えるなら、ひとまずレベル9まで上げておくといいでしょう。最高でレベル30まで上げることができますが、そこまで上げるのは時間とGSTが多くかかって大変なので、他に戦略がなければレベル9でいいでしょう。

図8-11
靴のレベルアップ

8-5-4. 新たな靴をMint（ミント、鋳造）して売却

2つの靴を使って新たな靴をMint（ミント、鋳造）して売却することもできます。

資金に余裕があればNFTの靴を複数購入して、Mintして売却し、さらに（Solanaなどの）暗号資産を獲得するのもいいでしょう。

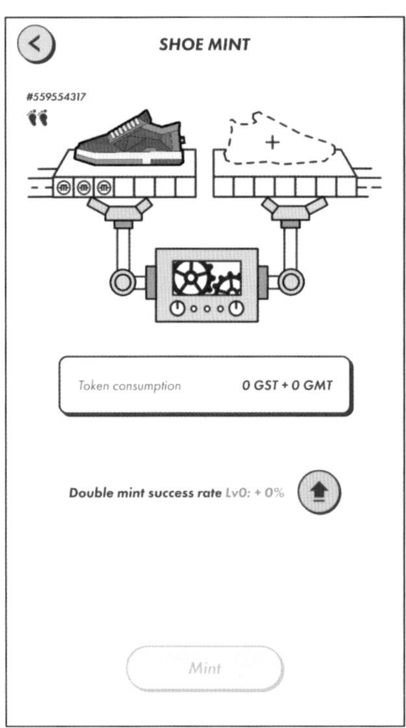

図8-12
靴のMint

第8章

8-6. STEPNもどきに注意

STEPNが大成功したことにより、同じようなアプリ、あるいはほぼそっくりなアプリがいくつも出てきました。その中にはもちろん良いアプリもありますが、あまり良くないもの、ほとんど詐欺のようなものもあります。

ここではあなたが詐欺に遭わず、まともなアプリを利用できるように、良いアプリかどうか判断するためのポイントをお伝えします。

判断ポイントには下記などがあります。

1. YouTubeやTwitterなどで実際に報酬を得ている人が発信しているか
2. 公式Twitterが盛り上がっているか
3. トークン（暗号資産）の価格は安定あるいは上昇しているか、著名な取引所に上場しているか
4. トークンの法定通貨（円）への換金の仕方は明確か
5. 創業者（経営陣）や会社は将来有望か
6. しっかりと監査されているか

こういった視点で調査すれば、詐欺プロジェクトで大金を失う事態を避けられる可能性は高いでしょう。

信頼できる人に勧められたからといって、それだけで詐欺ではないと決めつけず、自分でいろいろと調査するようにしましょう。しっかり調べた上で、それでも良さそうであれば、利用してみるのもよいのではないでしょうか。

第9章

DAOを立ち上げてみる

DAOは新たな組織の形として、徐々に注目されてきています。ここでは、実際にDAOを立ち上げて運営してみたいと思ったあなたに向けて、その流れをご紹介します！

9-1. テスト用のMATICを取得

本書ではお試しとして、無料で使えるテスト用のMATIC（Polygon Networkのトークン）を用いてAragonというプラットフォームでDAOを立ち上げる流れを説明します。

もちろん、この手順でテスト用ではなく本物のMATICやETHを用いても大丈夫です。

9-1-1. MetaMaskをテスト用ネットワークに繋ぐ

まずはMetaMaskのネットワークにテストネットワーク「Mumbai」を追加して、繋ぎましょう（本書ではMumbaiで説明していますがその時に使いやすいテストネットをご利用ください）。

「イーサリアムメインネット」の表示をクリックして、「ネットワークを追加」をクリックします。「人気のカスタムネットワーク」の一覧の中にMumbaiがあれば、「追加」をクリックで追加できます。

図9-1 「ネットワークを追加」ボタンをクリック

一覧になければ、「ネットワークを追加」画面で「ネットワークを手動で追加」をクリックして、手動で追加してください。

図9-2 「ネットワークを追加」画面から「ネットワークを手動で追加」へ進む

手動で追加する場合は、下記の情報（執筆時点の情報です）を入力して「保存」をクリックします。

> ネットワーク名：
> Mumbai Testnet
> 新しいRPC URL：
> https://rpc-mumbai.maticvigil.com
> チェーンID：80001
> 通貨記号：MATIC
> ブロックエクスプローラーURL：
> https://polygonscan.com/

図9-3 「ネットワークを手動で追加」に情報を入力

ネットワークに追加できたら、ネットワークリストの中から「Mumbai Testnet」をクリックします。そうすると、Mumbaiテストネットワークに繋がります。

図9-4 「Mumbai Testnet」が追加されたネットワークリスト

9-1-2. テスト用のMATICを入手

Polygon Faucet (https://faucet.polygon.technology) などのテスト用トークンを付与してくれるWebサイトにアクセスします。

ここではMetaMaskのアドレスは「0x6eB～」となっており、クリックするとコピーできます。

図9-5　Polygon Faucet

コピーしたあなたの「MetaMaskのアドレス」を「Wallet Address」欄にペーストして「Submit」をクリックします。

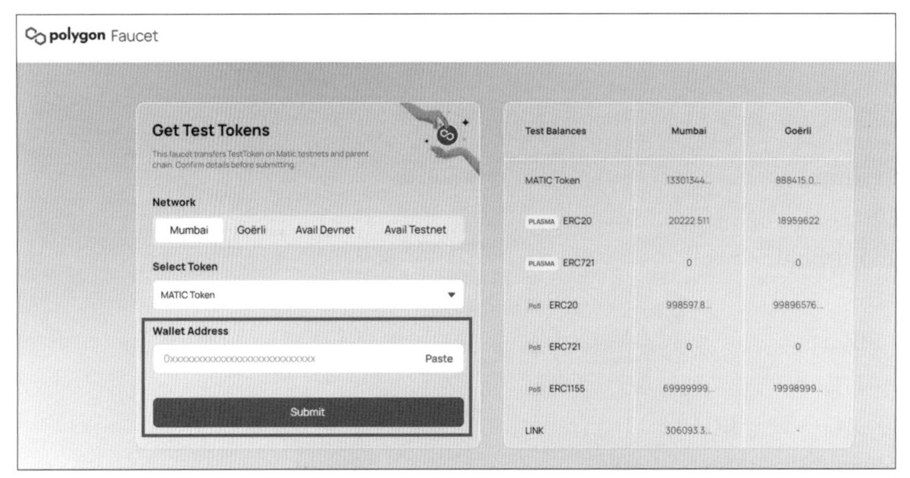

図9-6　Polygon Faucet

「Confirm the following details」が表示されたら、「Confirm」をクリックします。

数分するとテスト用のMATICが付与されます。足りなくなったら都度同じようにMATICをもらうようにしましょう。

図9-7　「Confirm」をクリック

9-2. AragonでDAOを作ってみる

ここからがDAO作成の本番です。手順さえわかれば10分もかからずできてしまうので安心してください。ここでは、DAOを運営するためのコアな機能を備えたAragonというサービスを使います。

ただし、Aragonだけでは不十分なことも多いので、実際にDAOを運営する際は、Discordなどのコミュニケーションツールをはじめ、複数のツールを併用してもよいでしょう。

9-2-1. AragonにMetaMaskを接続

Aragon（https://aragon.org/）にアクセスしたら、「Launch your DAO」をクリックします。

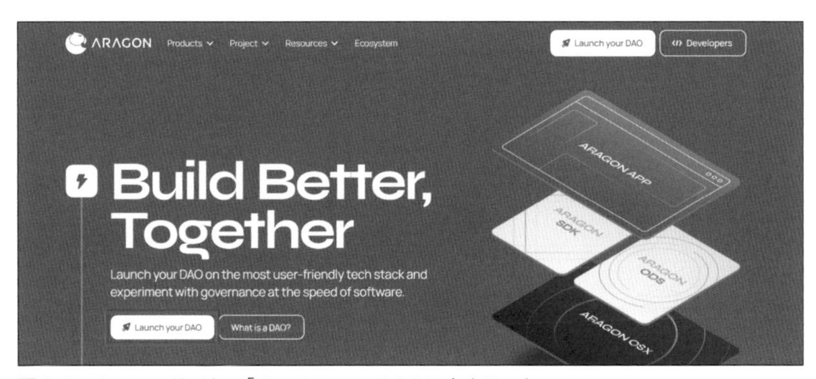

図9-8　Aragonサイト。「Create your DAO」をクリック

次の画面で、「Create a DAO」をクリックすると、ウォレット選択画面が表示されます。今回は「MetaMask」を選択します。

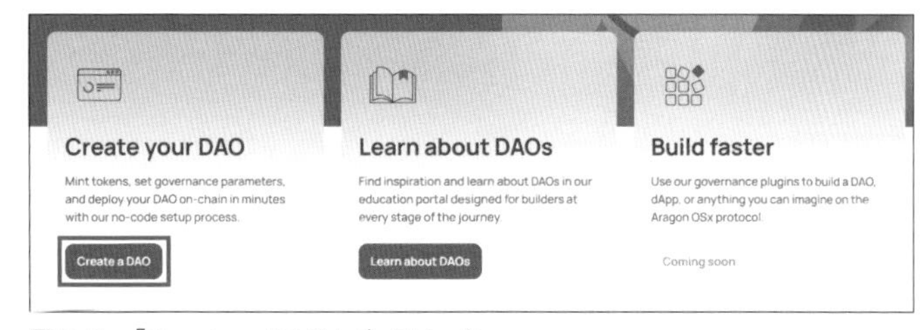

図9-9　「Create a DAO」をクリック

第9章

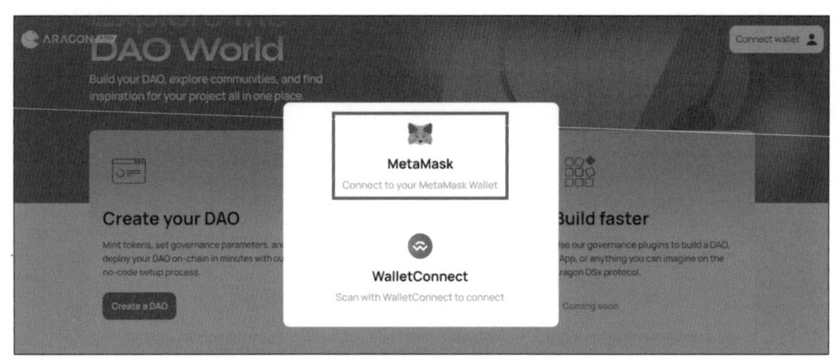

図9-10　ウォレットの選択画面で「MetaMask」を選択

ウォレット接続の承認画面などが表示されるので、表示される画面に従って接続しましょう。

9-2-2. DAOを作成する

ウォレットに接続すると「Build your DAO」という画面に遷移します。「Build your DAO」ボタンをクリックし、DAOの作成を開始します。

図9-11　「Build your DAO」をクリック

1. ブロックチェーンを選択

まずブロックチェーンを選択します。本書ではテストネットの「Mumbai」を使用します。

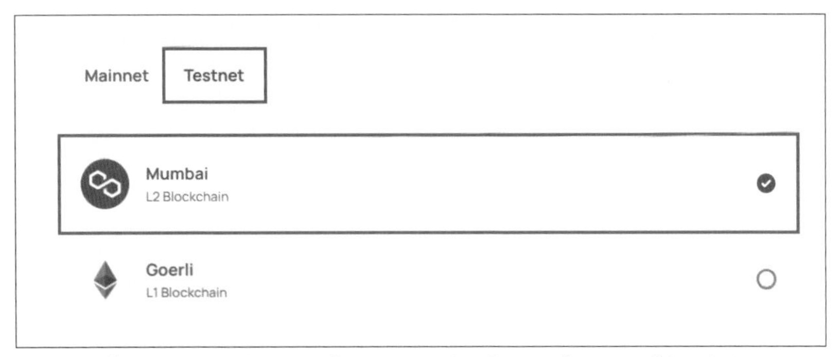

図9-12 「Testnet」の中にある「Mumbai」を選択して「Next」ボタンをクリック

2. DAOの基本情報を入力

DAOの名称、説明文を入力します。また、入力必須ではありませんが、ロゴ画像や、DAOのサイト上に掲載したいリンクがあれば入力します。

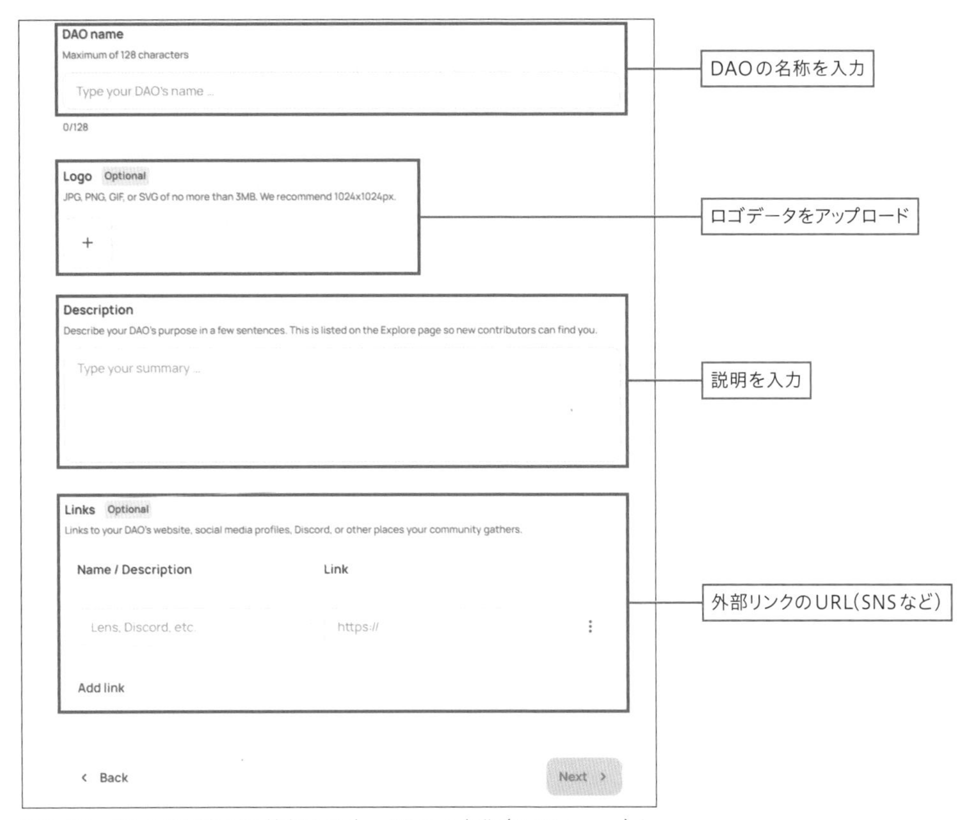

図9-13 DAOの基本的な情報を入力。DAOの名称（DAO name）と説明文（Discription）は入力必須

3. メンバーシップを定義

まず、DAOの意思決定に参加できる人を選択します。「Token holder」は、ガバナンストークンを持っている人が意思決定に参加できます。投票権は1トークンにつき1回で、より多くのトークンを持っている人が強い影響力を持ちます。

「Multisig members」は承認されているメンバーのみが意思決定に参加できます。投票は1人1回となります。

本書では、「Token holder」を選択します。

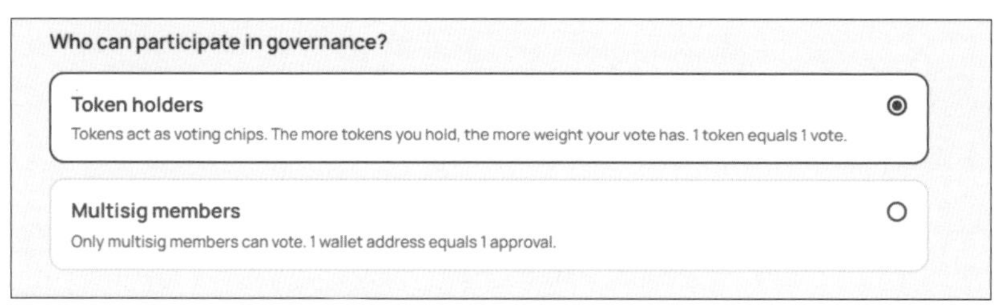

図9-14　運営方針（意思決定に参加できる人の条件）を決める

次にガバナンストークンの名前、シンボルを入力します。

図9-15　ガバナンストークン名とシンボルを入力する

次にガバナンストークンを付与するウォレットのアドレスと、付与数を設定します。何か事情がなければ、アドレスはあなたのMetaMaskのアドレスで大丈夫です。

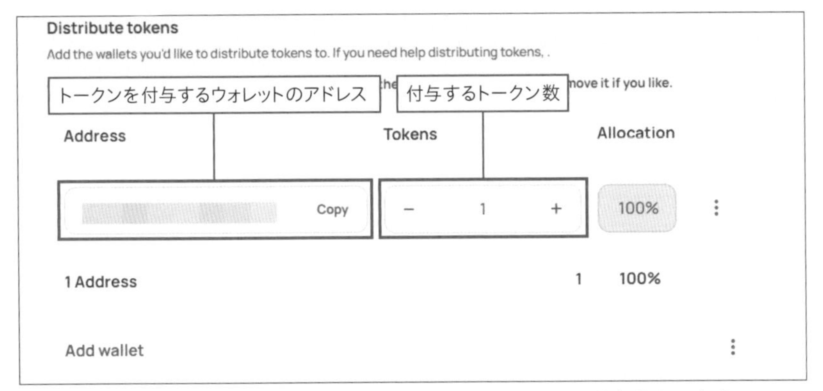

図9-16　ガバナンストークンを付与するウォレットのアドレスと付与数を入力する

提案を作成できる人を選択します。「Token holder」は一定数のガバナンストークンを持っている人のみが提案できます。「Minimum tokens Required」で提案に必要な最小トークン数を設定します。「Any Wallet」は誰でも提案可能です。

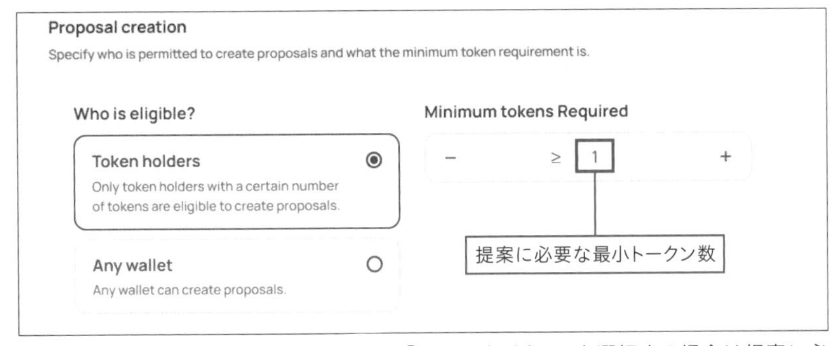

図9-17　提案できる人の条件を決める。「Token holder」を選択する場合は提案に必要な最小トークン数も設定

4. ガバナンスの設定

支持率の閾値、最小投票率の閾値、投票期間を設定します。また、投票期間が残っていても結果が確定した段階で投票受付を終了するかどうか(Early execution)、投票期間中に投票者が票を変更できるかどうか(Vote change)についても有効／無効を選択します。

Support threshold

Support threshold is the percentage of tokens or that are required to vote "Yes" for a proposal to be approved, calculated based on total tokens that voted.

− 50 % + Yes >50% No

Proposal will be approved by majority

必要な支持率

Minimum participation

Minimum participation is the percentage of the token supply that must vote on a proposal for the vote to be valid. Make sure you set this at a low level that your DAO can meet, so you don't lock your voting process.

− 15 % + ≥15 of 100 tokens

決議に必要な最低投票率

Minimum duration

Minimum duration is the shortest length of time a proposal can be open for voting. You can extend the duration for each proposal but not shorten it.

Minutes − 0 + Hours − 0 + Days − 1 +

投票期間

We recommend a minimum duration of at least one day so members have time to vote. You can always lengthen the duration when posting a proposal.

Early execution

Allow proposal execution before the vote ends if the requirements are met and the vote outcome cannot be changed by more voters participating.

No Yes

早期決議

Vote change

This setting allows voters to change their vote during the voting period. If you enabled early execution, this setting is automatically turned off.

No Yes

投票期間中の票の変更

‹ Back Next ›

図9-18　DAOのガバナンスを設定する

5. 設定内容の確認

確認画面で入力項目をチェックして、問題なければ「Deploy your DAO」をクリックしてDAOの作成を完了させます。

以上でDAOの作成作業は完了です。

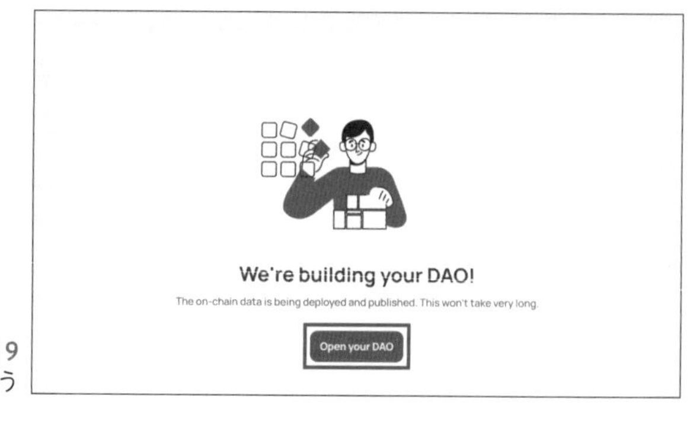

図9-19
「Open your DAO」で作成したDAOを開いてみよう

9-3. DAOで提案をしてみる

Aragon上ではDAOの重要な機能である提案や投票をすることもできます。「Create proposal」(または「New Proposal」)をクリックして提案を作成します。

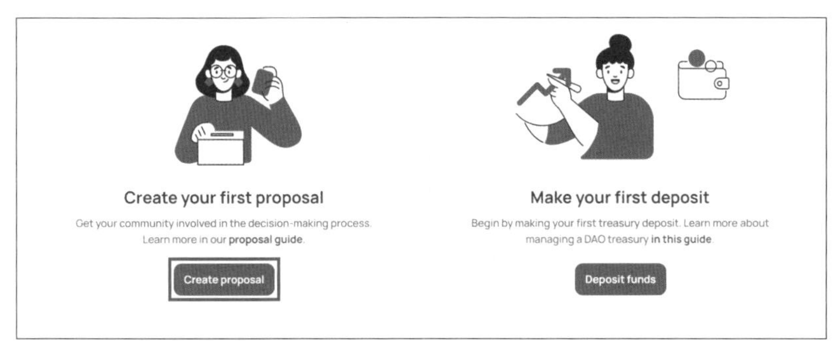

図9-20　提案を作成してみよう

タイトルと概要を入力します。

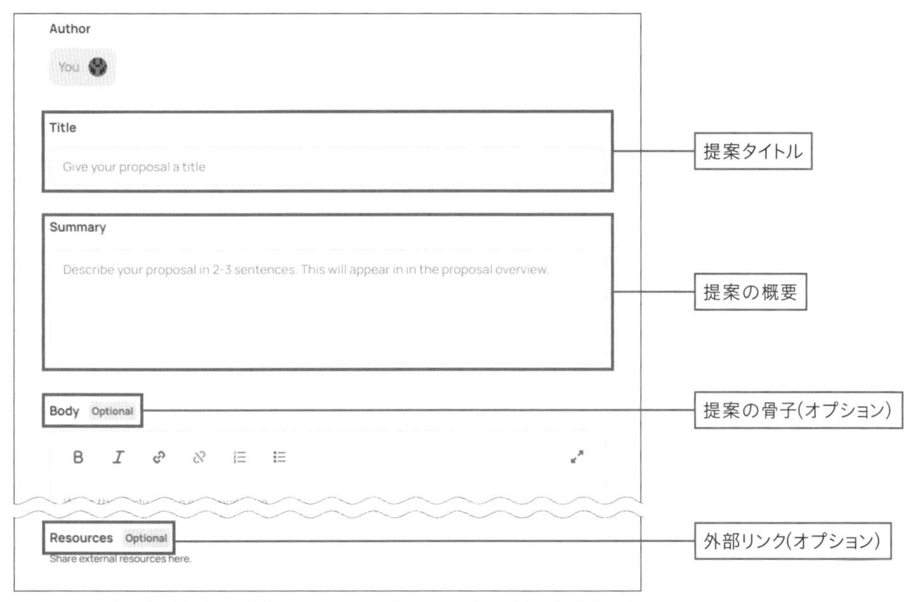

図9-21　提案タイトルと概要を入力。オプションで骨子や外部リンクなども入力可能

第9章

投票方法を選択し、投票開始時間と投票期間を設定します。なお、本書執筆時点で選択できる投票方法は「Yes, no, abstain」(投票者の選択肢は「賛成」「反対」「棄権」)のみです。

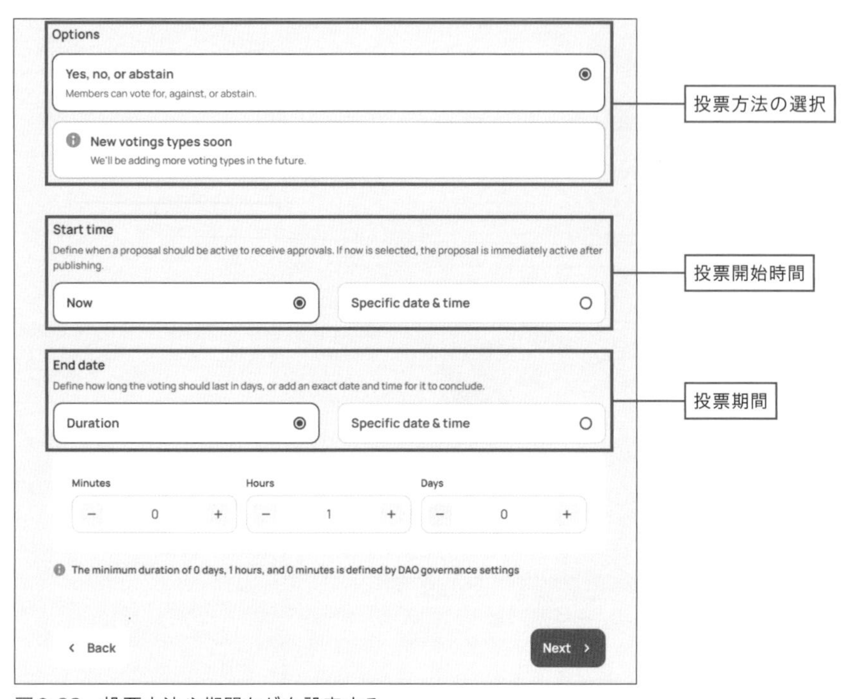

図9-22　投票方法や期間などを設定する

アクション追加画面では投票が可決されたときに実行されるアクションを設定することもできます。たとえば、DAOの資産を配布したり、スマートコントラクトを設定したり、ガバナンストークンを新規発行して付与するといったアクションを作成して設定できます。アクション設定は必須ではないため、単純に意見をききたいだけならアクションは追加せずに「Publish proposal」をクリックして提案を投稿しても問題ありません。

図9-23
アクションの設定。可決時に必要なアクションが特になければ設定せずに「Publish proporsal」をクリック

「Publish proposal」をクリックしてガス代を払うと提案が公開されます。ここでは「Shall we dance?」という質問を公開しました。

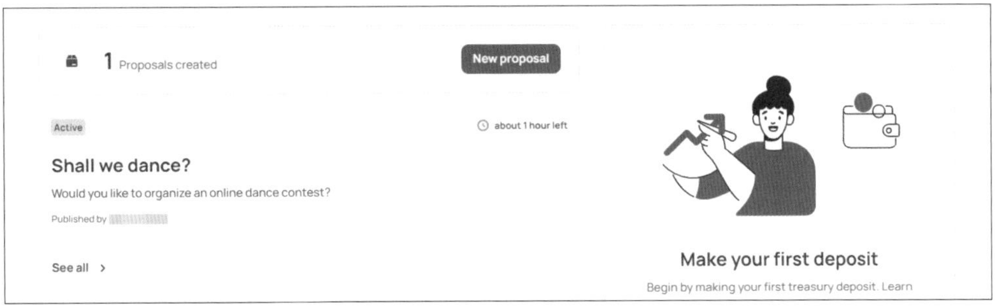

1 Proposals created
New proposal
Active
about 1 hour left
Shall we dance?
Would you like to organize an online dance contest?
Published by
See all >
Make your first deposit
Begin by making your first treasury deposit. Learn

図9-24　ダッシュボードに提案が表示されている

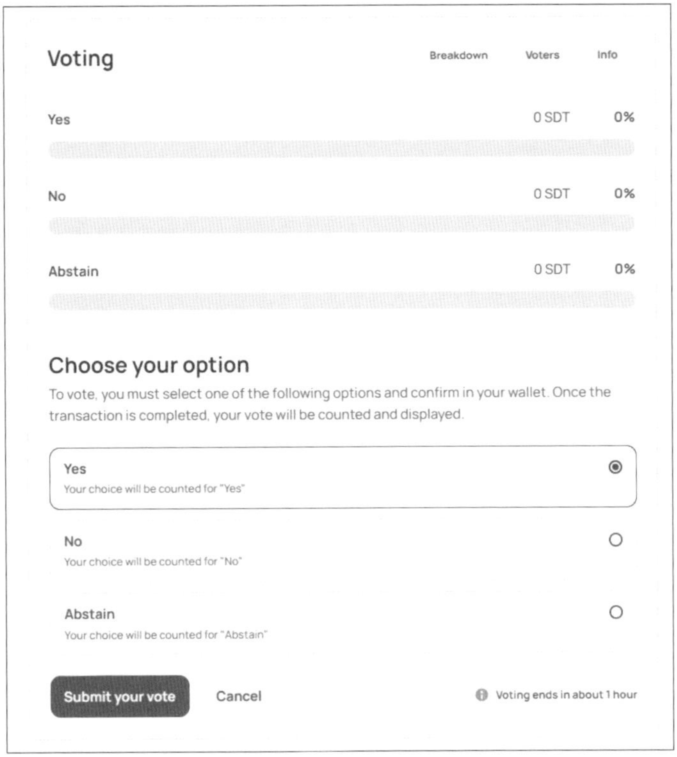

Voting
Breakdown　Voters　Info
Yes　0 SDT　0%
No　0 SDT　0%
Abstain　0 SDT　0%
Choose your option
To vote, you must select one of the following options and confirm in your wallet. Once the transaction is completed, your vote will be counted and displayed.
Yes
Your choice will be counted for "Yes"
No
Your choice will be counted for "No"
Abstain
Your choice will be counted for "Abstain"
Submit your vote　Cancel
Voting ends in about 1 hour

図9-25　意見の表明。Yes（賛成）、No（反対）、Abstain（棄権）から選択可能

これに対してYes、No、Abstainで自分の意見を表明することができます。ここではYesに投票しました。このDAOのメンバーは一人のため、Yesが100%を占めたという結果になり、提案は可決されています。

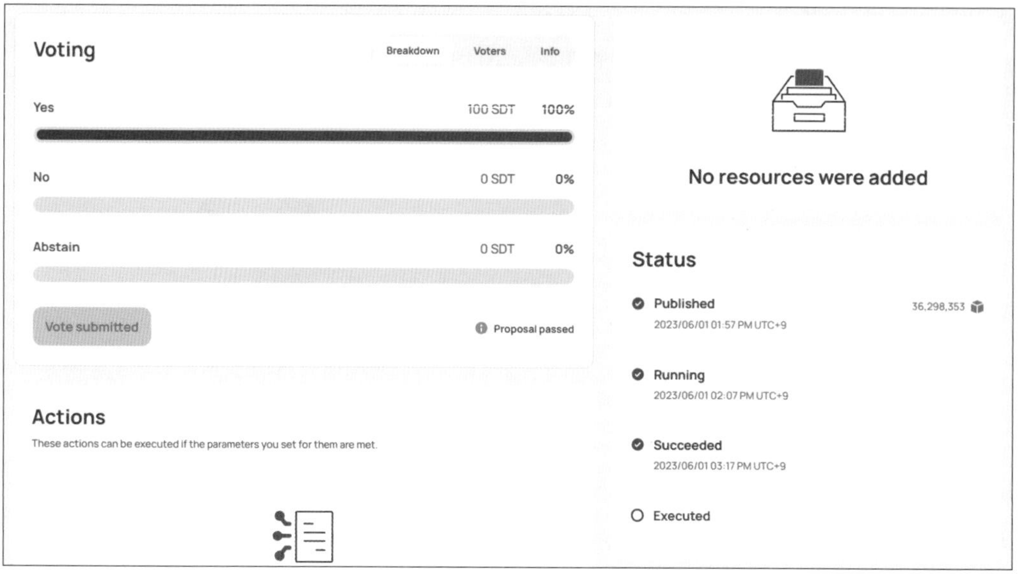

図9-26　提案の可決

なお、参加してほしいメンバーがいる場合は、「Add members」から新規会員招待の提案を作成することもできます。

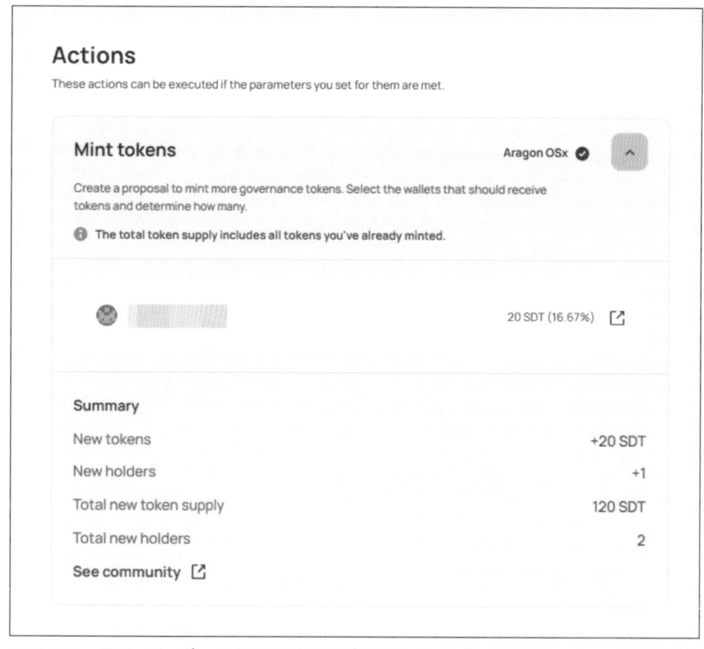

図9-27　あるメンバーの招待の提案が可決した場合のアクション。招待対象のウォレットに設定した数のガバナンストークンが送られ、招待対象がDAOの運営に参加できるようになる

第10章

メタバースの一部を作ってみる

メタバースにはブロックチェーンを活用しているもの・していないものがあります。本書ではブロックチェーンを活用しているメタバースの代表格であるThe Sandboxを例に取り上げ、メタバースの一部を作る過程を解説します。

10-1. The Sandboxとは？

10-1-1. クリエイターが楽しめるゲームプラットフォーム

The Sandbox（サンドボックス）は、イーサリアムのブロックチェーン技術を基盤としたユーザー主導のゲームプラットフォームです。Decentraland（ディセントラランド）などと並び、Web3のメタバースプラットフォームの代表格となっています。

The Sandbox内ではLAND（仮想土地のNFT）を売買・賃貸したり、オリジナルのキャラクターやアイテム、3Dゲームを作り、収益化することも徐々にできるようになってきています。メタバース内での経済圏が徐々に構築されているのです。

10-1-2. The Sandboxのクリエイター向けツール

The Sandboxでは、下記のクリエイター向けツールを無料でダウンロードして使うことができます。

- VoxEdit：ボクセルベースのNFTを作成
- Game Maker：プログラミングの知識がなくとも3Dゲームを作成

マインクラフトのように、今後、The Sandboxを通じて多くのクリエイターが誕生しそうです！

10-1-3. 多くのブランドや大手企業が参入

The Sandboxは下記など、多くのパートナーと提携しており、2023年1月には、提携パートナーが世界中で700を突破したことを発表しています。

- ウォーキング・デッド（The Walking Dead）
- スヌープ・ドッグ（Snoop Dogg）
- スティーヴ・アオキ
- パリス・ヒルトン
- アディダス（Adidas）
- グッチ（GUCCI）
- ワーナー・ミュージック・グループ

日本からも多くの企業や有名人が提携しており、2022年3月にはスクウェア・エニックスがThe Sandbox内にRPGゲーム『ダンジョン・シージ』が遊べる『ダンジョン シージLAND』を提供予定であることを発表しました。また、同年3月にエイベックスが仮想空間上でアーティストとファンが交流できる場として「エイベックスランド（仮称）」の構想を発表しています。さらに2023年1月には、人気漫画『北斗の拳』（原作：武論尊・漫画：原哲夫）の世界観が楽しめる『世紀末LAND』が株式会社Mintoプロデュース、株式会社コアミックス協業のもと展開予定であることが発表され、4月にメタバースゲーム『Legends of North Star -King-』を期間限定無料公開しました。

これまでに世界で4,000万回以上ダウンロードされ、月間アクティブユーザー数が最大100万人を超えた実績もあるThe Sandboxには、2006年ごろにSecond Life（老舗的なメタバースプラットフォーム）が注目されていたように、多くの企業が注目しています。今後、新たなビジネスが続々と生まれていくでしょう！

10-2. The Sandboxの始め方

10-2-1. アカウント作成

公式サイトからサンドボックスのアカウントを作成しましょう。
日本語版サイトはこちらです。

https://www.sandbox.game/jp

図10-1　The Sandbox公式サイト

サイト画面右上の「アカウントを作成」から、アカウント作成画面に移動します。MetaMaskなどのウォレットで始める、あるいはGoogleアカウントかFacebookアカウントで始められるようになっています。

暗号資産をやりとりすることを考えるとMetaMaskなどのウォレットを活用するほうがいいですが、GoogleアカウントかFacebookアカウントで始める方が簡単であればそれでもいいでしょう。ここでは、MetaMaskを接続する流れでご説明します。

図10-2　アカウント作成画面

「ウォレットに接続」を選択するとウォレットを選択する画面が出てきますので、特に好みがなければMetaMaskを利用するといいでしょう。

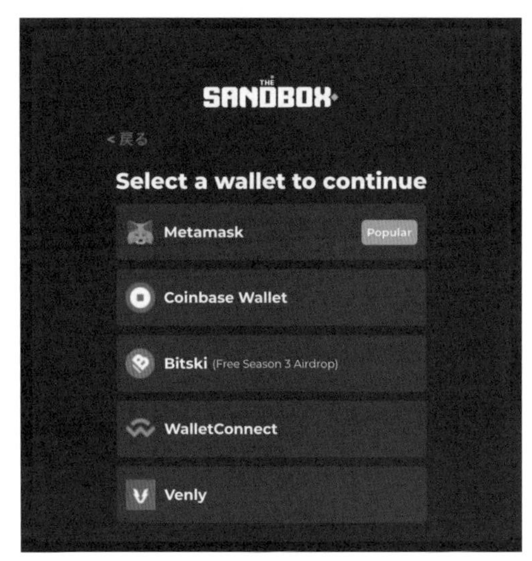

図10-3　ウォレットを接続する

続いて、メールアドレスとユーザーネームを入力すれば登録は完了です。

10-2-2.「VoxEdit」をダウンロード

The Sandboxでアセット（資産）を作成するためにThe Sandboxの無料ツール「VoxEdit」をダウンロードしましょう。

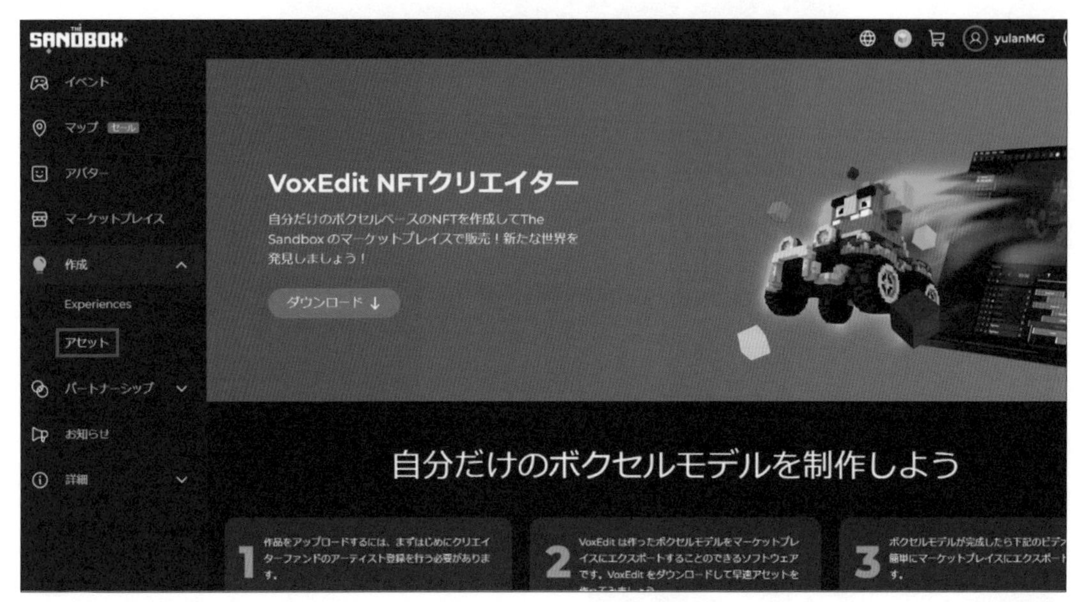

図10-4　VoxEditをダウンロードしよう

左のメニューの「作成」をクリックすると、その下に「Experiences」「アセット」というメニューが表示されます。「アセット」を選択すると「VoxEdit」のダウンロード画面が表示されます。「ダウンロード↓」ボタンをクリックしてダウンロードしましょう。

図10-5　Windows版とMac OS版が用意されている

10-3.「VoxEdit」でNFTのアセットを作成してみる

10-3-1. モデル（ボクセルアート）の作成

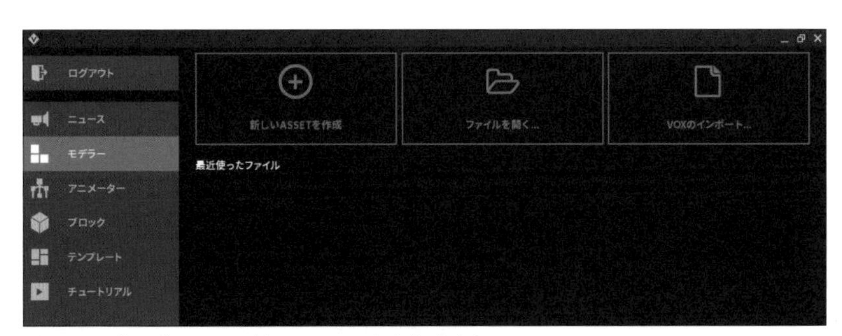

図10-6 「モデラー」で新しいアセットを作成する

「VoxEdit」を開いて左のメニューから「モデラー」を選択し、「新しいASSETを作成」を開きます。

図10-7 モデラーの編集画面

こちらの制作画面でアセットとなるモデル（ボクセルアート）を作成していきます。ブロックを積み上げていくイメージです。なお、モデラーで作成するモデルはパーツごとに分けて作成するのがよいでしょう。たとえば、人間の場合なら腕・足・胴体・顔などごとに作成します。

パーツごとに分けて作成しないと、アニメーションがぎこちなく動くので注意しましょう。

モデラーの使い方を知るために、ワークスペースバー（画面上側、アイコンが横に並んでいる箇所）とツールバー（画面左側、アイコンが縦に並んでいる箇所）に備えられている各機能をご紹介します。

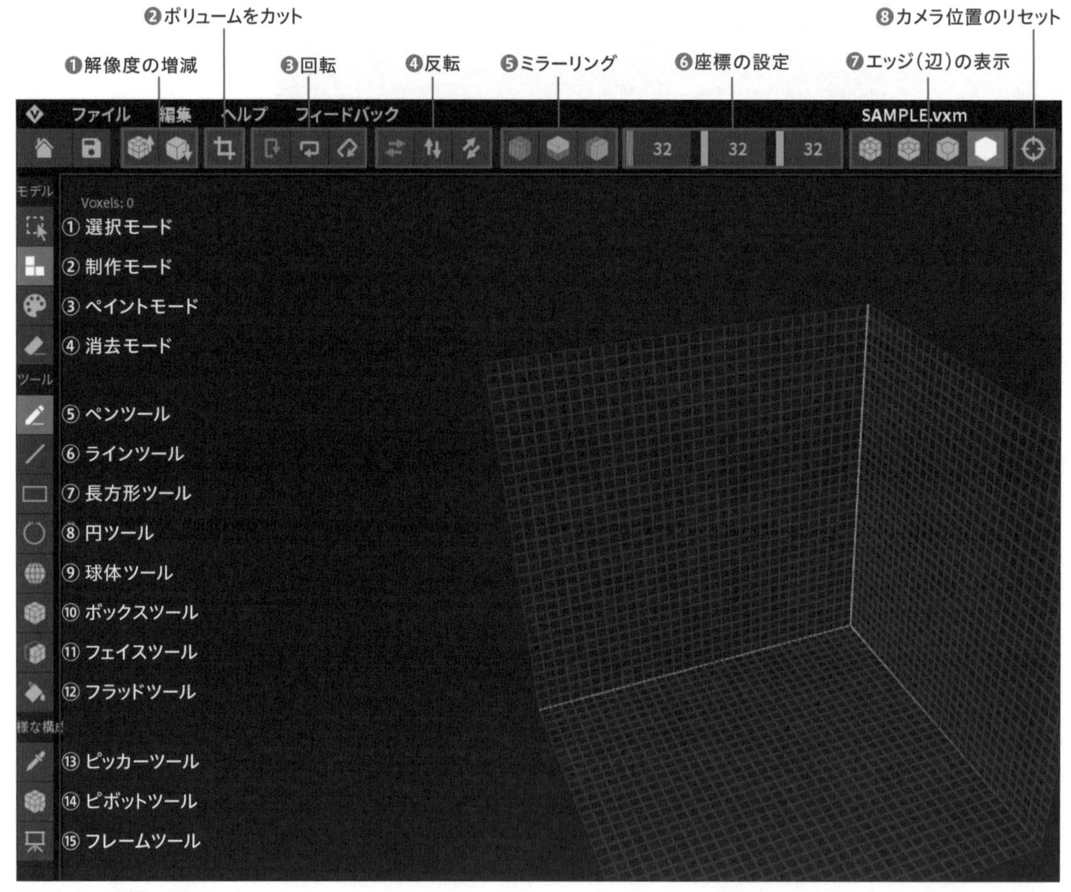

図10-8　画面の説明

ワークスペースバーの各機能

❶ 解像度の増減

左側が「サイズを2倍にする」で、1回クリックするとモデルの解像度が2倍になります。例えば2×2のボクセルでできた立方体の場合、4×4の立方体に変換されます。

右側は「サイズを1/2倍にする」で、1回クリックすると解像度が1/2倍になります。つまり、4×4のボクセルでできた立方体は2×2のサイズになります。

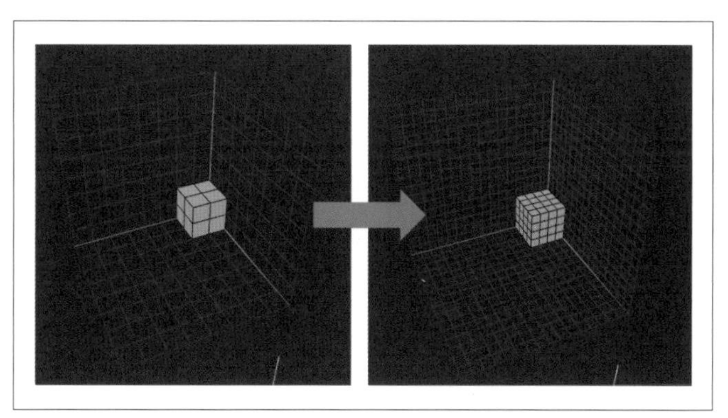

図10-9 「サイズを2倍にする」の例

❷ ボリュームをカット

ボクセルスペース（モデルを描画する空間）のサイズがモデルと同じサイズにカットされます。無駄な空間を削除したい場合は、この機能を使いましょう。

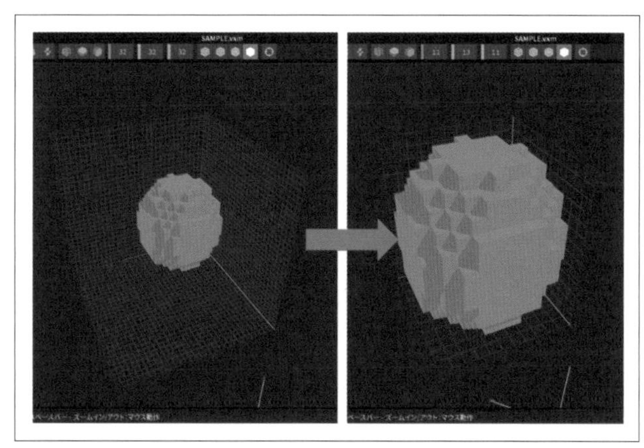

図10-10 「ボリュームをカット」の例。ボクセルを配置するスペースがモデルのサイズにフィット

❸ 回転

モデルを回転することができます。左から順にX軸回転、Y軸回転、Z軸回転です。

❹ 反転

モデルを反転することができます。左から順にX軸反転、Y軸反転、Z軸反転です。

❺ ミラーリング

アイコン左から順にX軸、Y軸、Z軸のミラーリングです。アイコンを選択してから描画すると、選択した軸を基準にミラーリングが行われます。

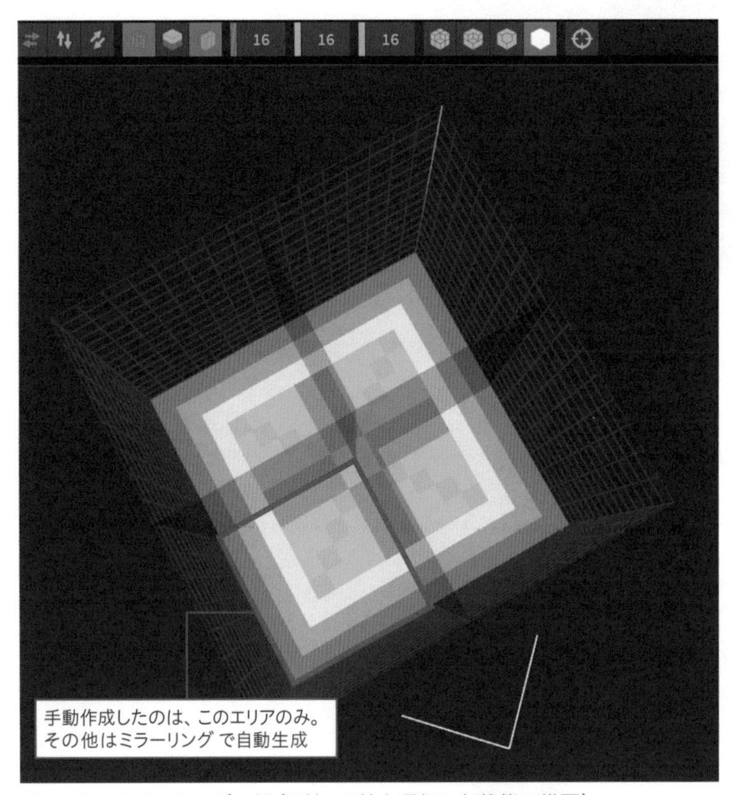

図10-11　ミラーリングの例（X軸・Y軸を選択した状態で描画）

❻ 座標の設定

モデルを作成するボクセルスペースのサイズを設定します。左から順にX軸、Y軸、Z軸です。例えばZ軸32、Y軸32、Z軸に設定すると、32×32×32サイズの座標空間になります。

❼ エッジの表示

左から順に「ボクセルエッジ」「クアッドエッジ」「ナイスエッジ」「エッジを隠す」という名称になっています。エッジというのは辺(端)のことです。「ボクセルエッジ」は、ボクセルの辺すべてを表示します。「クアッドエッジ」は4辺を表示します。「ナイスエッジ」は90度のところを表示します。「エッジを隠す」は、いずれの辺も表示しません。
自分にとってわかりやすい表示を選択することで、制作効率アップに役立ちます。

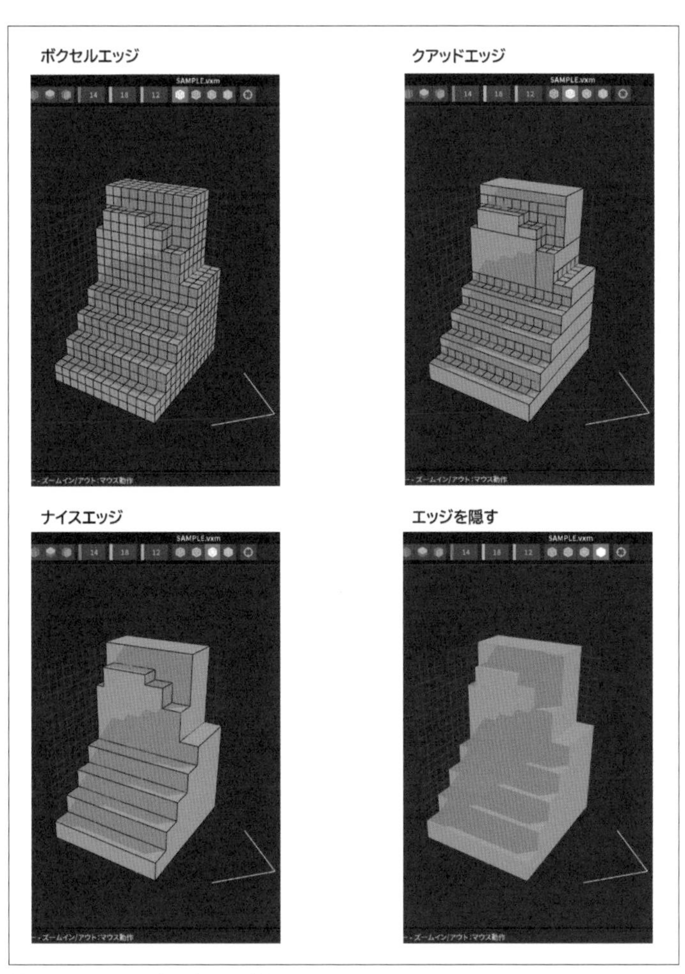

図10-12　エッジの表示の例

❽ カメラ位置のリセット

一番最初のデフォルトの視点(カメラ位置)に戻したいときは、このアイコンをクリックします。

ツールバーの各機能

① 選択モード

選択したボクセルを移動したり、カットやコピーが行えるモードです。

② 制作モード

このモードのときに、ボクセルスペースにボクセルを置いてモデルを制作することができます。

③ ペイントモード

パレットから選択した色でボクセルを塗ることができます。

④ 消去モード

ボクセルを削除することができます。このモードで不要なボクセルを削除した後、ボクセルの配置を再開する際にはちゃんと「制作モード」に変更できているか確認しましょう！モード変更ができていないと、うっかり必要なボクセルを消してしまうことになります。

⑤ ペンツール

ボクセルスペースに1つずつボクセルを配置することができます。

⑥ ラインツール

クリック位置からクリックを離した位置まで、直線状にボクセルを配置することができます。

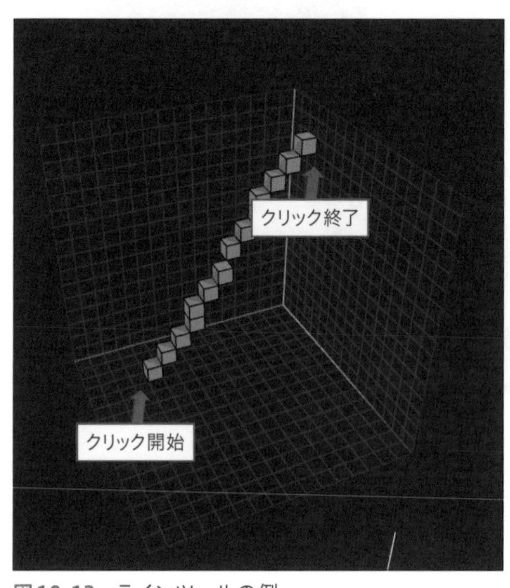

図10-13　ラインツールの例

⑦ 長方形画面ツール

長方形で選択した位置に、立体的にボクセルが配置されます。

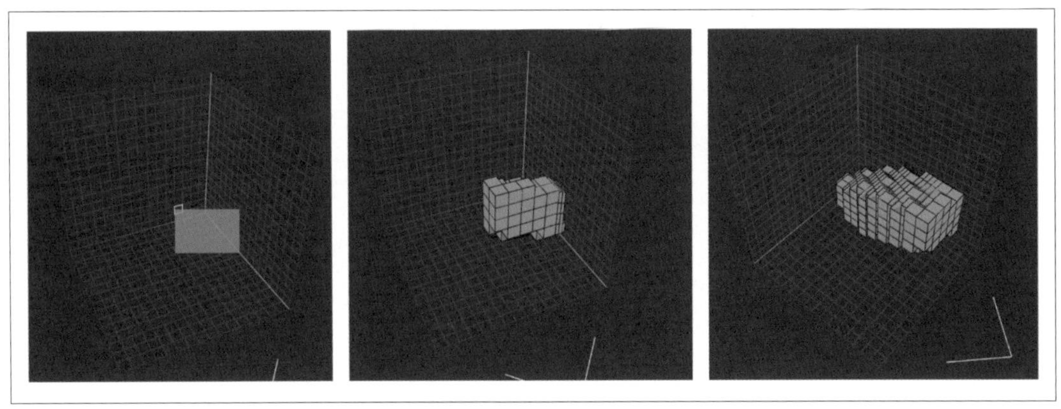

図10-14　長方形画面ツールの例。選択した場所の奥の方にもボクセルが配置される

⑧ 円ツール

円柱を作成することができます。

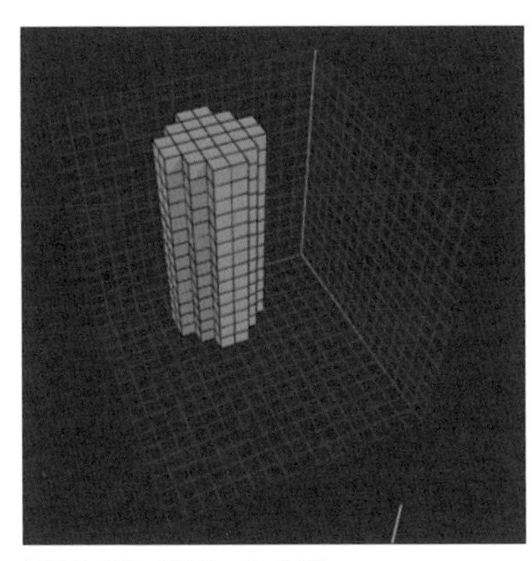

図10-15　円ツールの例

⑨ 球体ツール

球体を作成することができます。

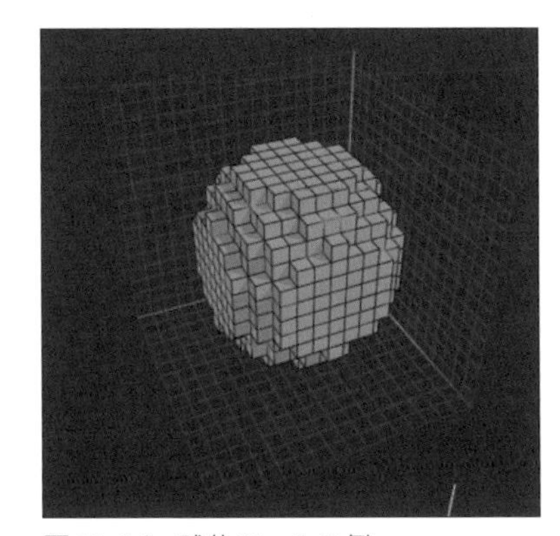

図10-16　球体ツールの例

⑩ ボックスツール

直方体を作成することができます。

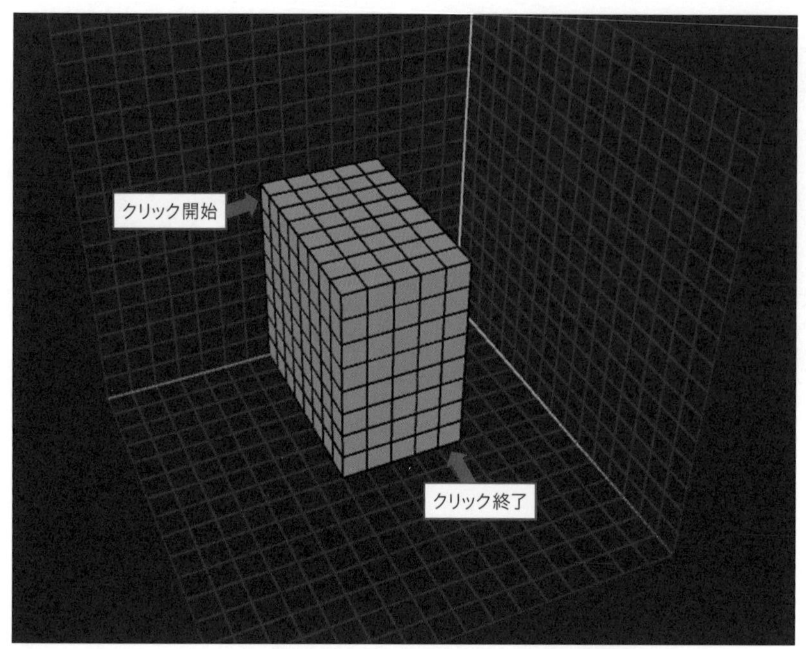

図10-17　ボックスツールの例

⑪ フェイスツール

隣接するボクセルの面を追加したり、削除したりすることができます。制作モードのときは追加、削除モードのときは削除になります。

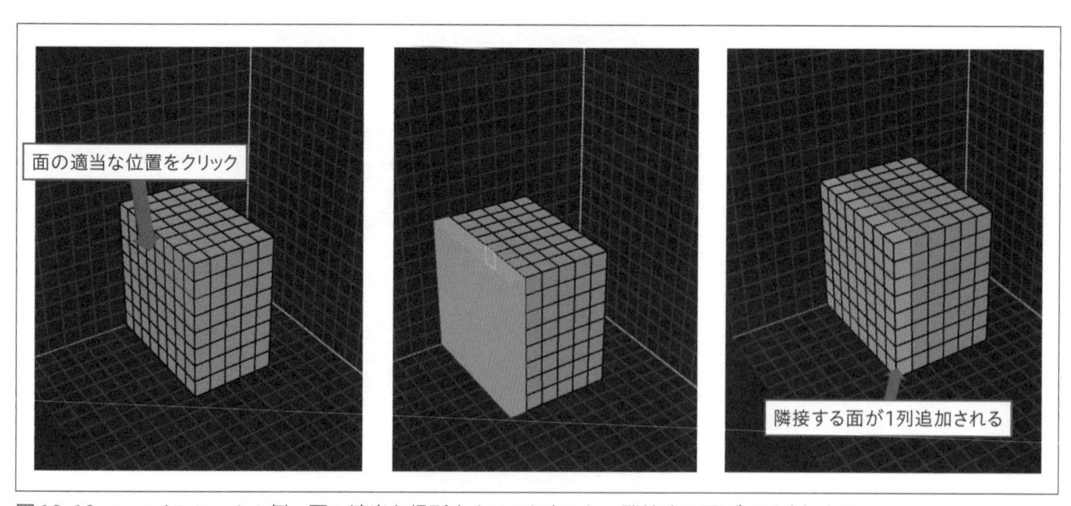

図10-18　フェイスツールの例。面の適当な場所をクリックすると、隣接する面が1列追加される

⑫ フラッドツール

連続したボクセルを変更します。ペイントモード+フラッドツールで使用すると、一度に連続したボクセルの色を塗り替えることができます。

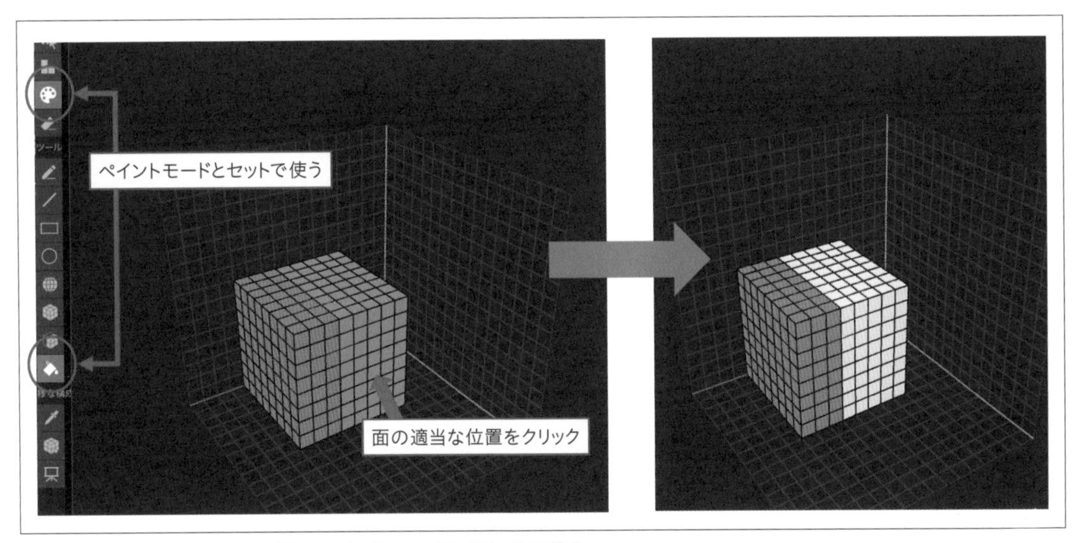

図10-19　フラッドツールの例。ペイントモードとあわせて使う

なお、もしも制作モードで使用した場合、ボクセルスペース全体が、パレットで選択した色のボクセルで埋まってしまいます。

図10-20　制作モードで使用するとスペース全体が埋まってしまう

⑬ ピッカーツール

ボクセルから色を抽出することができます。

⑭ ピボットツール

オブジェクトの回転の中心を設定します。アニメーターでオブジェクトを回転させるときに、この設定が使われることになります。

⑮ フレームツール

作成したオブジェクトをGame Makerで表示するために使用する機能です。今回は使用しないため説明は割愛させていただきます。

モデルを作成してみよう

各機能の使い方を把握したら、ボクセルスペースにボクセルを配置して、まずは簡単なものからモデルを作成してみましょう！

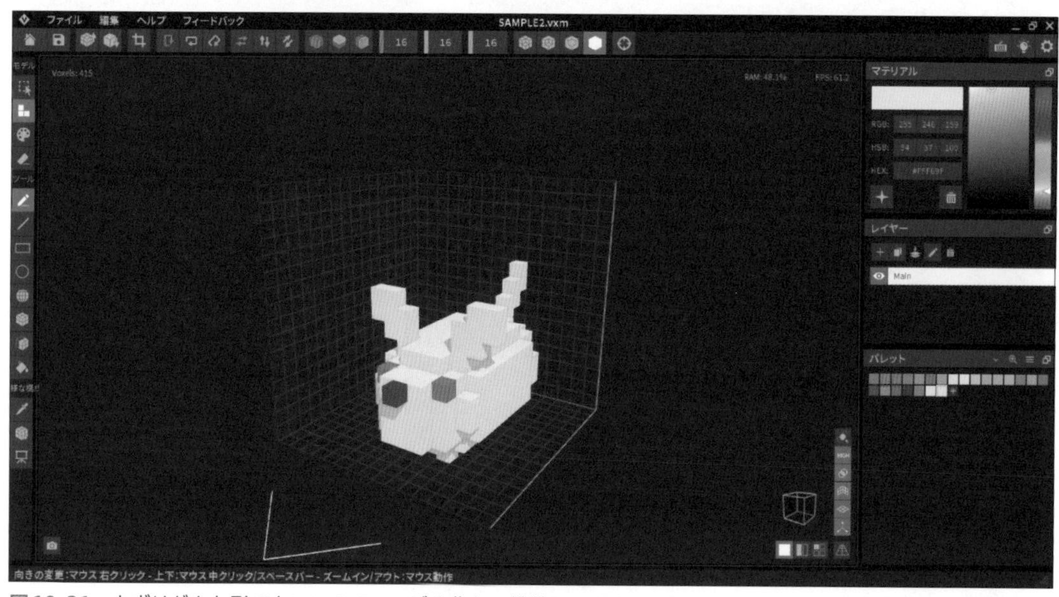

図10-21　まずはどんな形でもいいので、モデル作りに挑戦してみましょう！

10-3-2. アニメーションを作成する

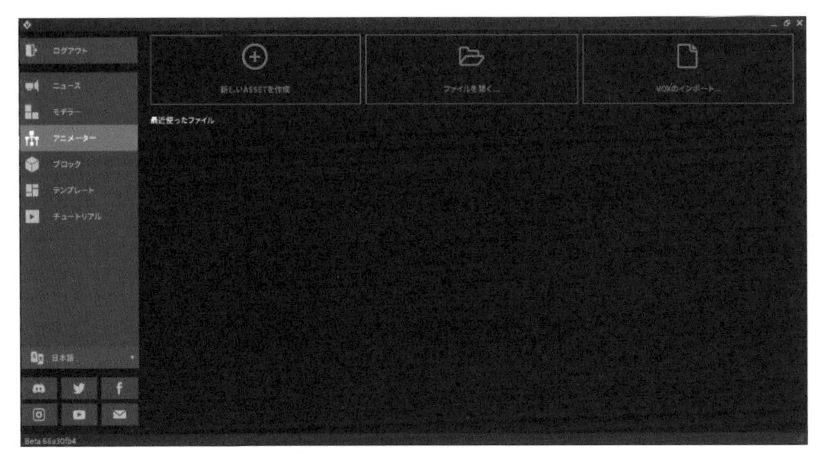

図10-22　アニメーターでモデルに動きをつける

「VoxEdit」を開いて左のメニューから「アニメーター」を選択します。新しく作成する場合は「新しいASSETを作成」、既存のファイルを編集する場合は「ファイルを開く」からファイルを開きます。

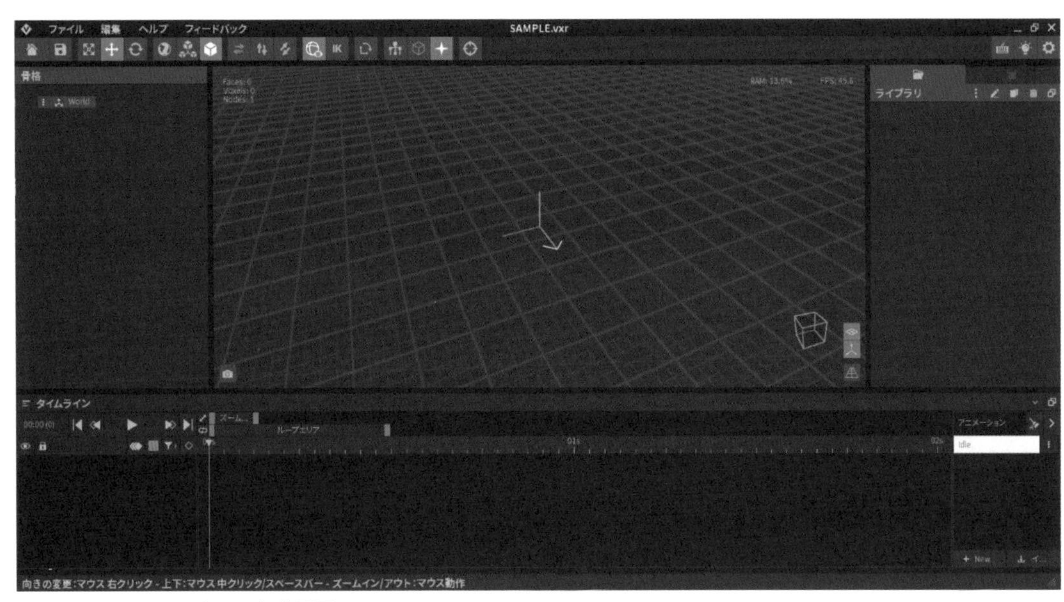

図10-23　アニメーターの編集画面

アニメーターでは、モデラーで作成したモデルに動きを付けることができます。本書では、ごく基本的な機能と操作方法をご紹介します。

ライブラリに作成したモデルをインポートする

アニメーターの編集画面には、メニューバーと3Dワークスペース、ライブラリパネル、インスペクターパネル、骨格パネル、タイムラインパネルがあります。

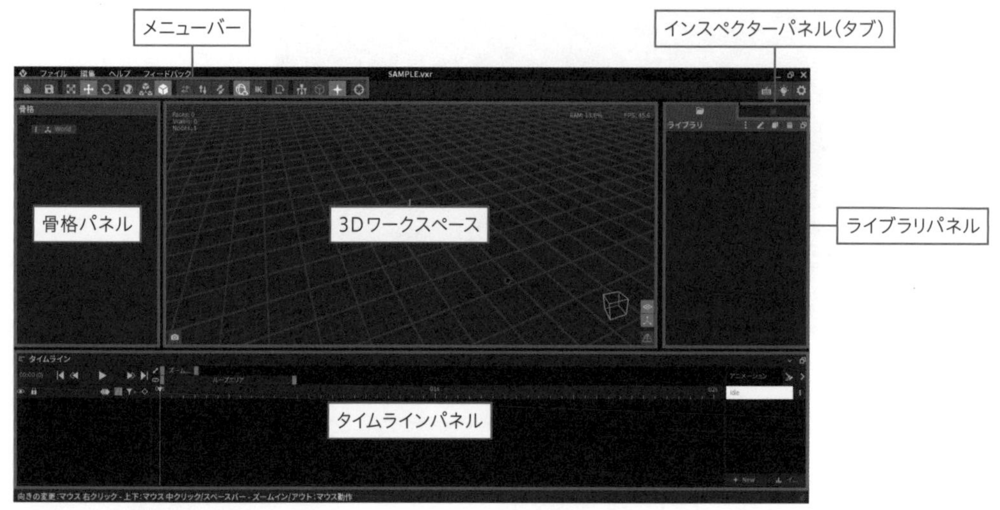

図10-24　編集画面の説明

まずは、右側の「ライブラリ」(各モデルの表示場所)に作成したモデルをインポートします。

縦に点が3つ並んでいるアイコンをクリックするとメニューが表示されます。

「新しいVXM」を選択すると、モデラーの編集画面に移動して新たにモデルを作成してインポートすることができます。「VXMをインポート」を選択すると、すでに作成済みのモデルをインポートすることができます。

図10-25　ライブラリにモデルをインポートする

全パーツをインポートしたら、左側の骨格パネルにある「World」から新しいノード（モデルを動かすための起点、節）を追加して組み合わせていきましょう。

1つのノードに対して1つのパーツを組み込むと編集しやすいです。ノードごとに動きを付けてみましょう。

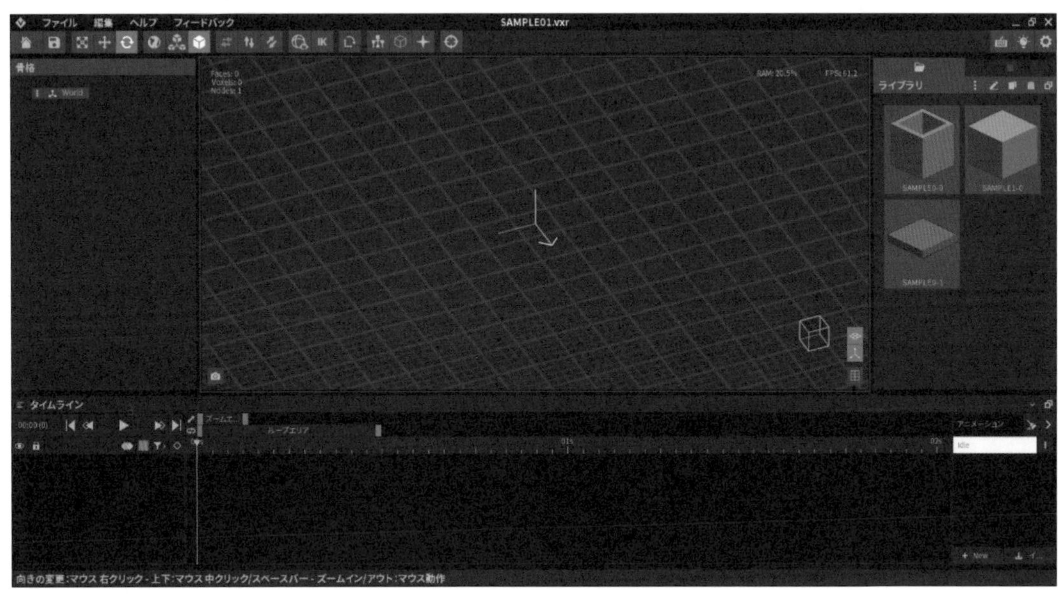

図10-26　モデルをインポートすると、ライブラリパネルに表示される

「World」左横の縦に3つ点が並んだアイコンをクリックするとメニューが表示されます。「子ノードを作成」を選択すると、ノードが追加されます。ノードを追加するときに名前を付けることができますので、わかりやすい名前にしましょう。

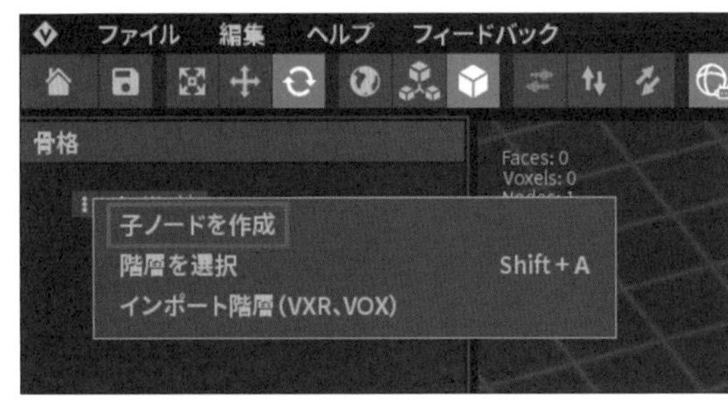

図10-27　表示されたメニューから「子ノードを作成」でノードを追加できる

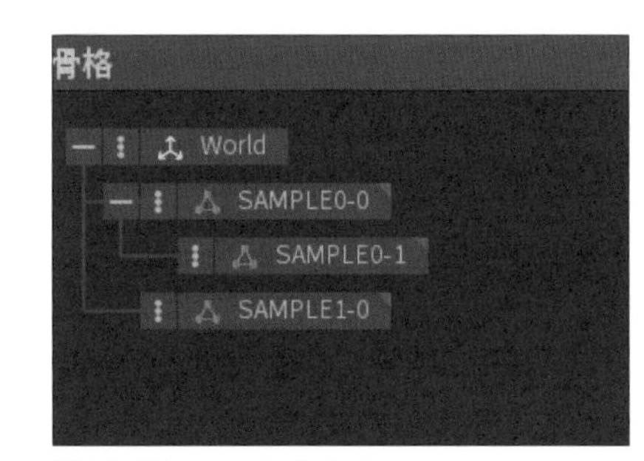

図10-28　ノードを作成

ノードにモデルを組み込むには、ライブラリのモデルをノードにドラッグ&ドロップします。

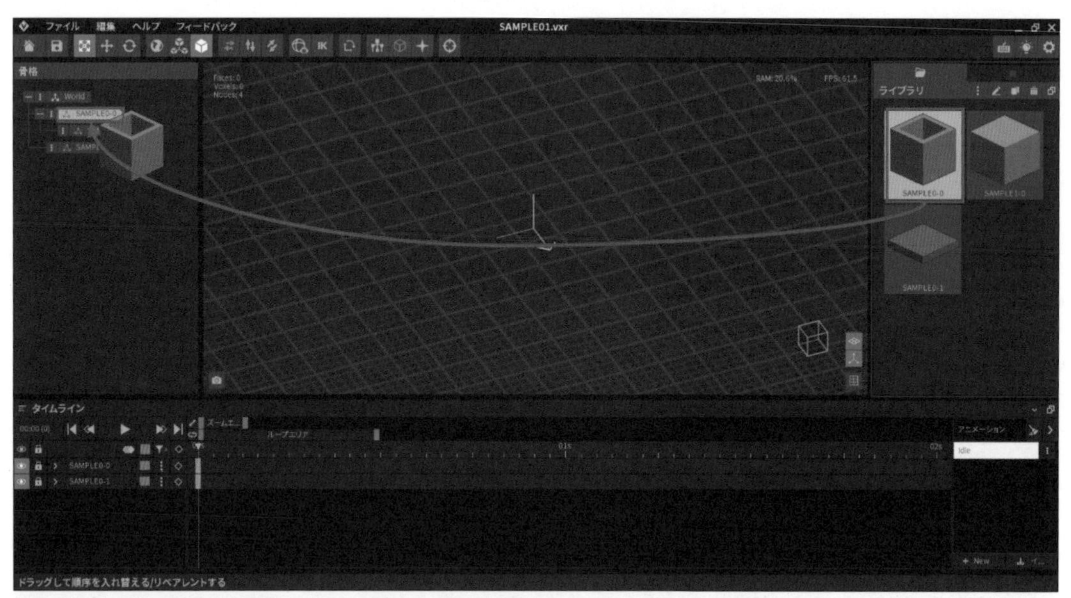

図10-29　モデルをドラッグ&ドロップしてノードに組み込む

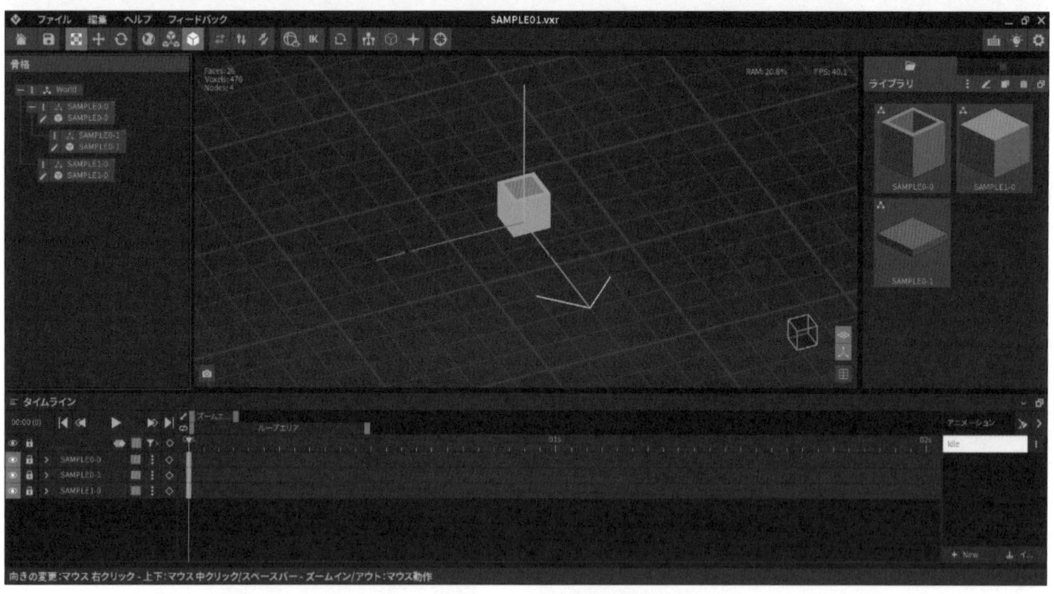

図10-30　ノードにモデルを組み込むと3Dワークスペースにモデルが配置される

ノードにモデルを組み込んだら、いよいよモデルに動きをつけていきましょう。

メニューバーと各機能

モデルに動きをつけていくために、まずはどんな操作ができるのか、メニューバーにある各機能を見ていきましょう（一部機能については説明を割愛しています）。

図10-31
各機能の名称

① ノードの選択

その名の通り、ノードを選択する機能です。この機能で、まずは操作するノードを選択し、「ノードを移動」や「ノードを回転」などの操作を行います。

② ノードを移動

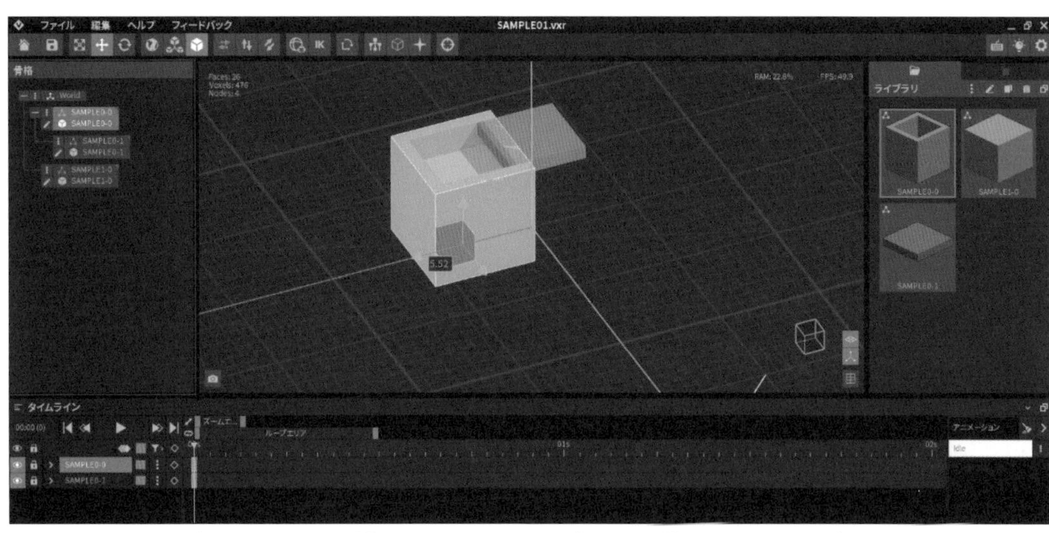

図10-32　ノードを移動。SAMPLE0-0とSAMPLE0-1はつながっている（親ノードと子ノード）ため、一緒に移動する

選択中のノードを移動することができます。選択中のノードにX軸（赤）、Y軸（緑）、Z軸（青）方向の矢印が表示され、各軸の矢印を引っ張ると、それぞれの軸方向に移動することができます。なお、つながっているノード（親ノードと子ノード）は一緒に移動します。

③ ノードを回転

選択中のノードを回転することができます。X軸を中心とする円（赤）、Y軸を中心とする円（緑）、Z軸（青）を中心とする円が表示されます。円を引っ張ると、各回転軸に合わせてノードが回転します。なお、つながっているノード（親ノードと子ノード）は一緒に回転します。

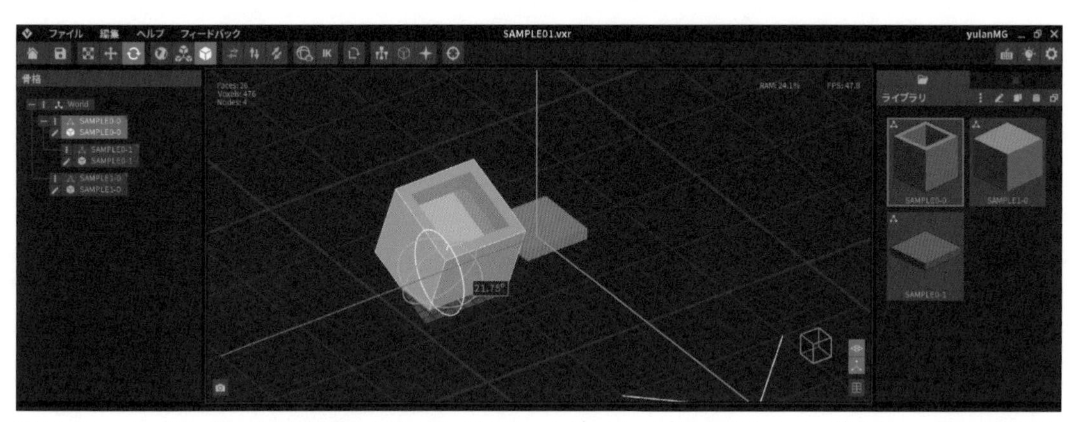

図10-33　ノードを回転。SAMPLE0-0とSAMPLE0-1はつながっている（親ノードと子ノード）ため、一緒に回転する

④ 世界

「世界」を選択すると、移動軸がX、Y、Z軸を基準になります。

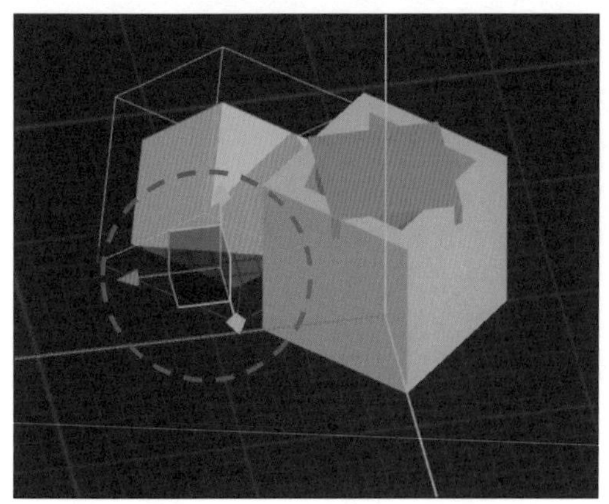

図10-34　表示される矢印はX、Y、Z軸を基準にしたものになっている

⑤ 親

「親」を選択すると、移動軸が親を基準にしたものになります。

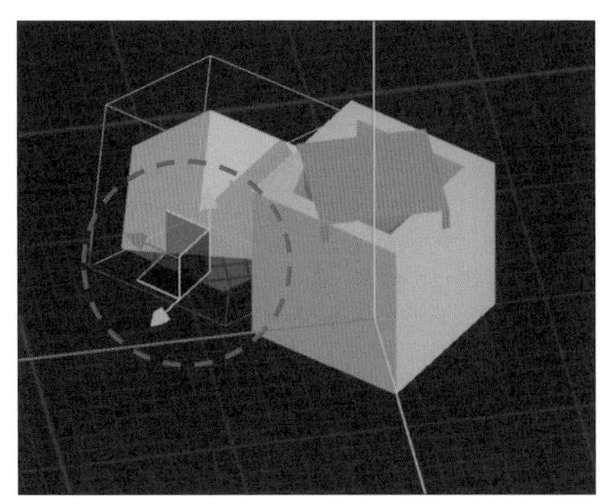

図10-35　表示される矢印は親のオブジェクト（オレンジのオブジェクト）を基準にしたものになっている

⑥ オブジェクト

「オブジェクト」を選択すると、移動軸が選択中のオブジェクト自身を基準にしたものになります。

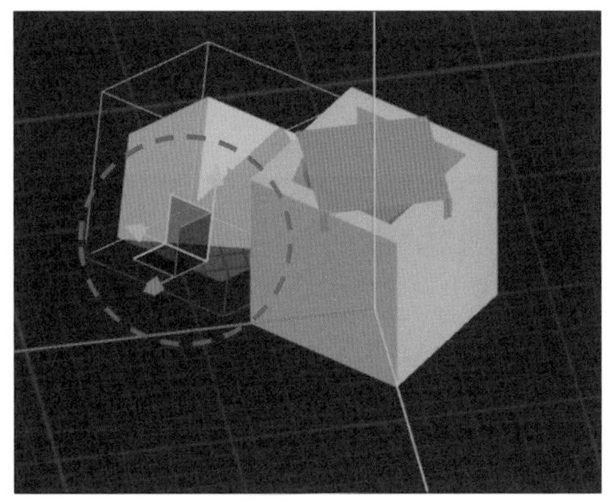

図10-36　表示される矢印は選択中のオブジェクト（緑のオブジェクト）を基準にしたものになっている

⑦ X軸反転

X軸でモデルを反転させます。

⑧ Y軸反転

Y軸でモデルを反転させます。

⑨ Z軸反転

Z軸でモデルを反転させます。

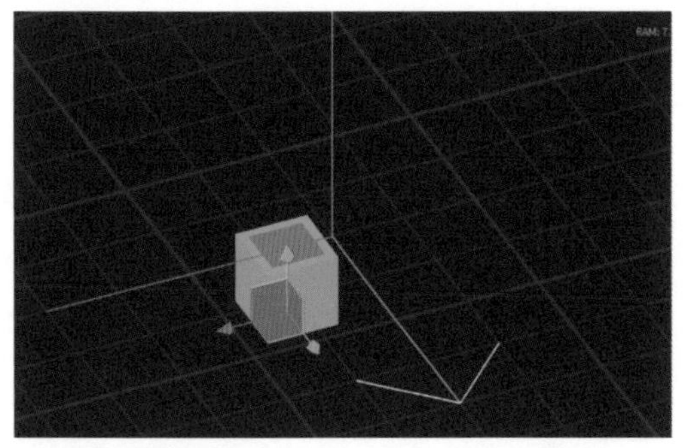
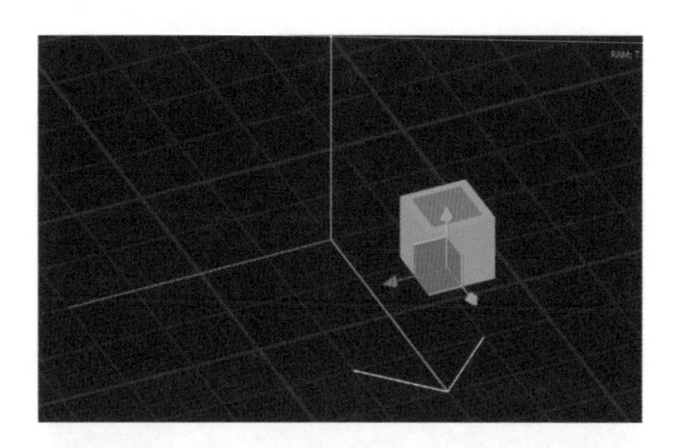

図10-37　X軸反転

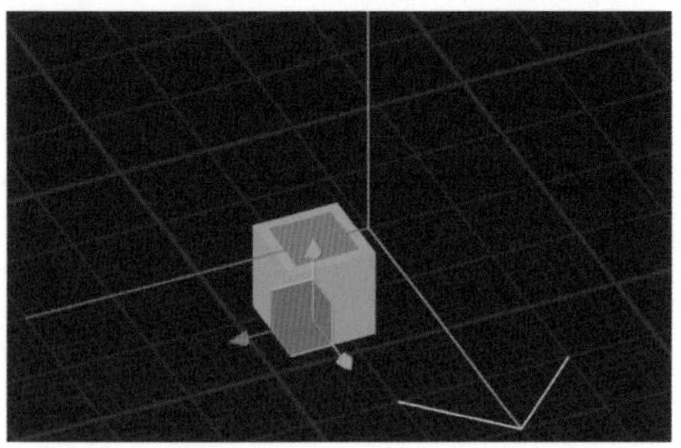
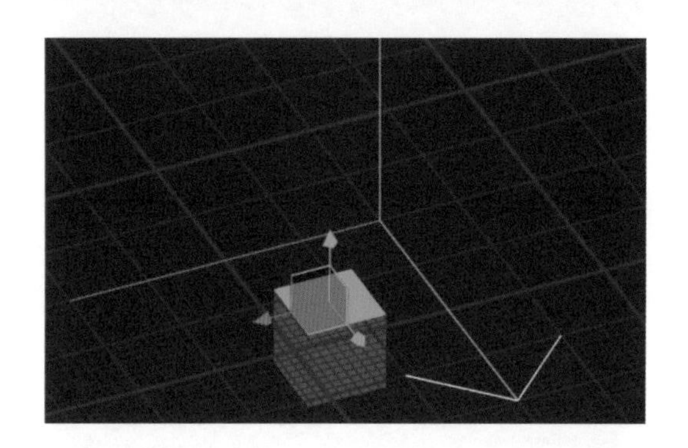

図10-38　Y軸反転

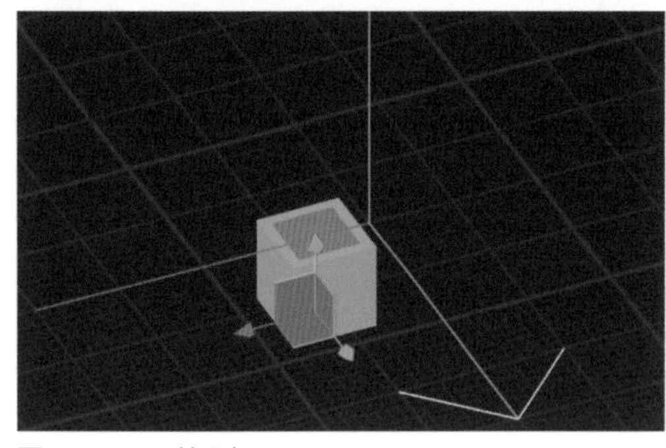
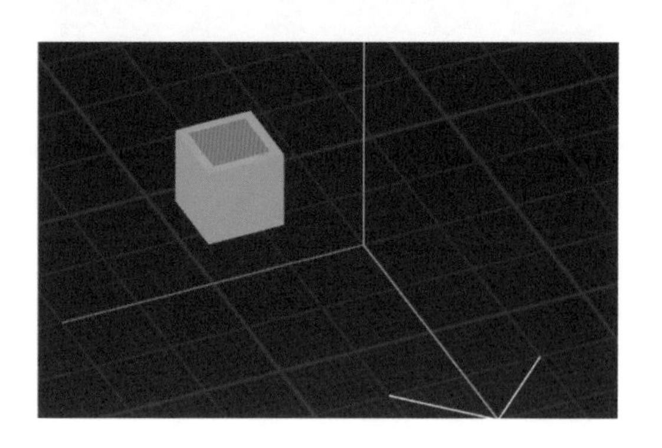

図10-39　Z軸反転

⑩ 自動SLERP

自動SLERが有効になっていると、X、Y、Z軸のアニメーションをまとめて設定できます。なお、無効になっていると、X、Y、Z軸それぞれ動かした軸だけが設定されます。

⑪ 逆運動

通常（逆運動無効）は親ノードが動くと子ノードも一緒に動くという仕組みですが、逆運動を有効にすると、子ノードを動かすと親ノードも動くようになります。

⑬ リグを表示／非表示

ノードと子ノードがどのように接続されているかを視覚化できます。

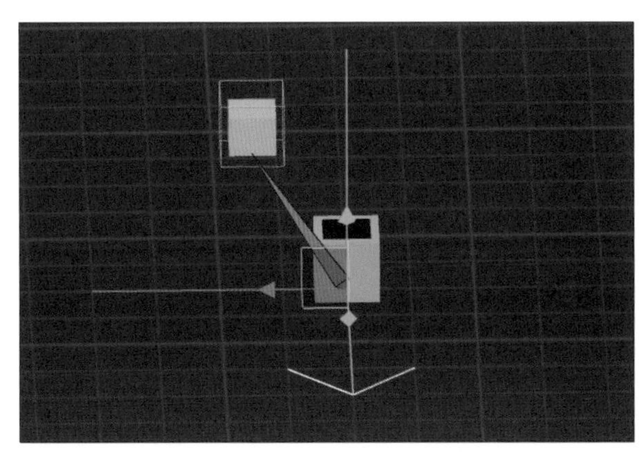

図10-40　リグを表示

⑭ ノード境界ボックスを表示／非表示

有効にすると、ノードのバウンディングボックスが表示されます。

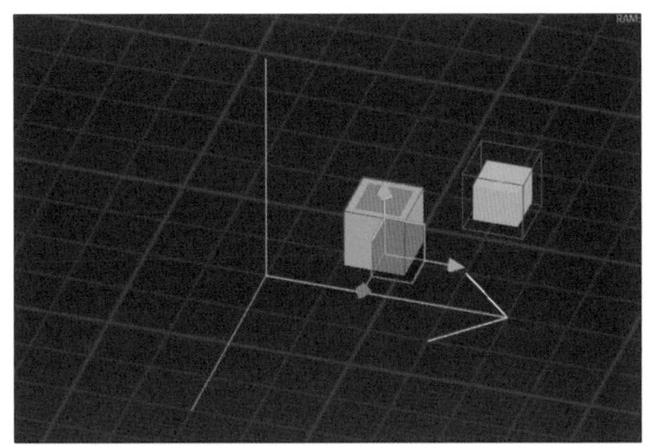

図10-41　ノード境界ボックスを表示

⑯ カメラ位置をリセット

視点の位置（カメラ位置）を一番最初のデフォルト設定に戻します。

タイムラインパネル

タイムラインパネルで、いよいよアニメーションを作成していきます。

各ノード1つずつ、動きをつけていきましょう。今回の例ではメニューバーの機能を使って動きをつけていますが、「インスペクターパネル」(ライブラリパネルとタブで切り替えることができます)を使うと、移動する座標位置や回転角度などを精密に設定することができます。

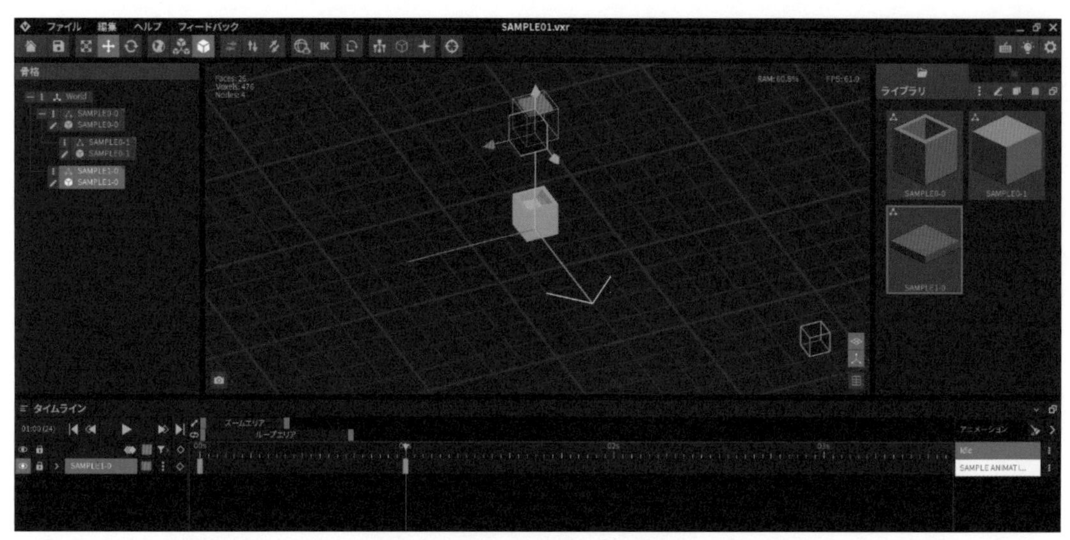

図10-42　例：1秒間の間にSAMPLE1-0をY軸方向に移動

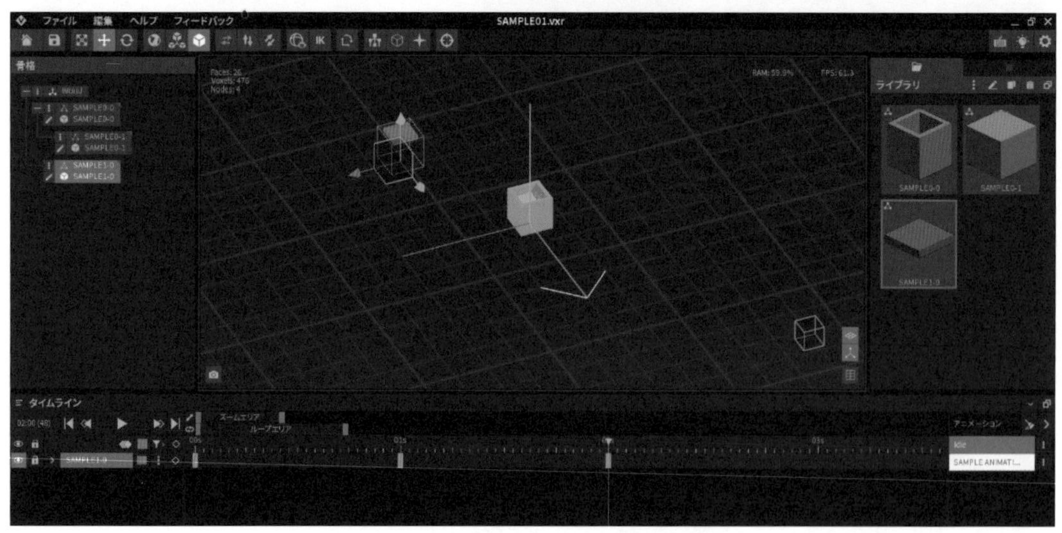

図10-43　例：1秒後の時点から2秒経過までにSAMPLE1-0をX軸方向に移動

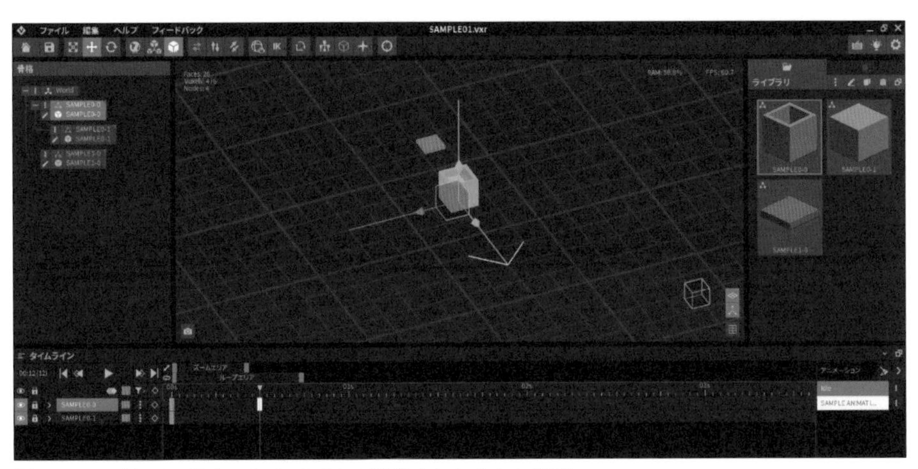

図10-44　例：25秒までSAMPLE0-0は静止したままの状態

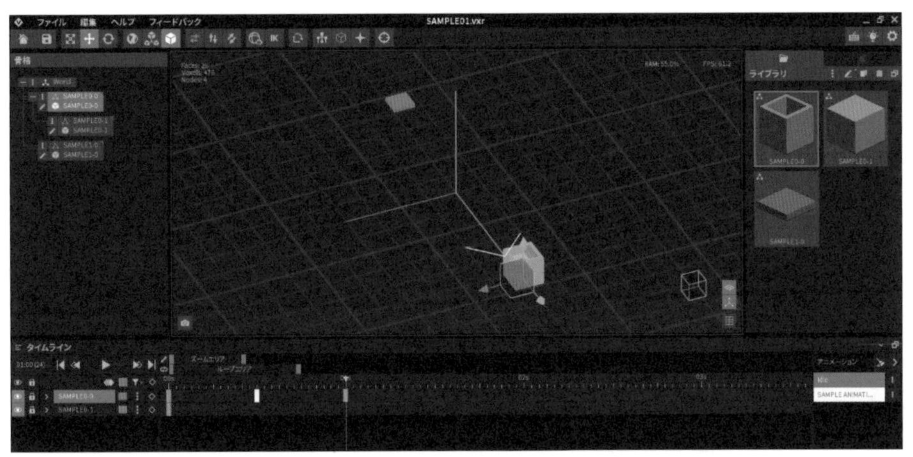

図10-45　例：25秒経過後から1秒までの間にSAMPLE0-0をZ軸方向に移動

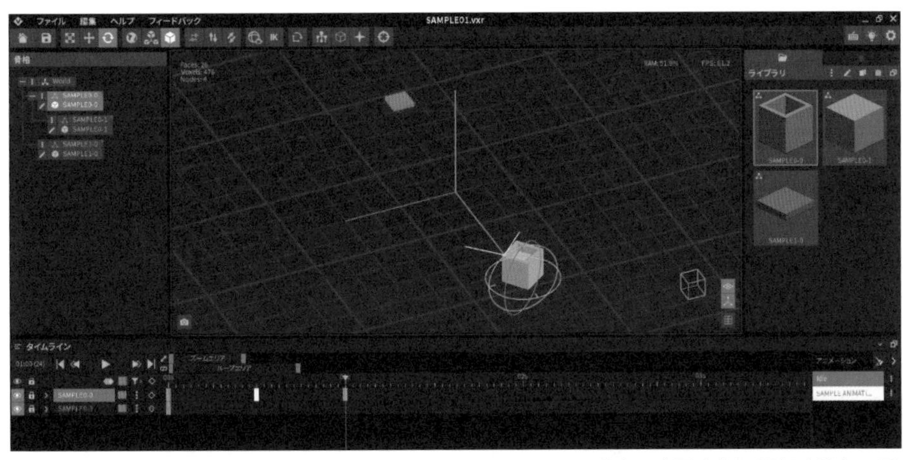

図10-46　例：25秒経過後から1秒までの間のSAMPLE0-0の動きに水平方向の回転も追加。子ノードのSAMPLE0-1も一緒に移動

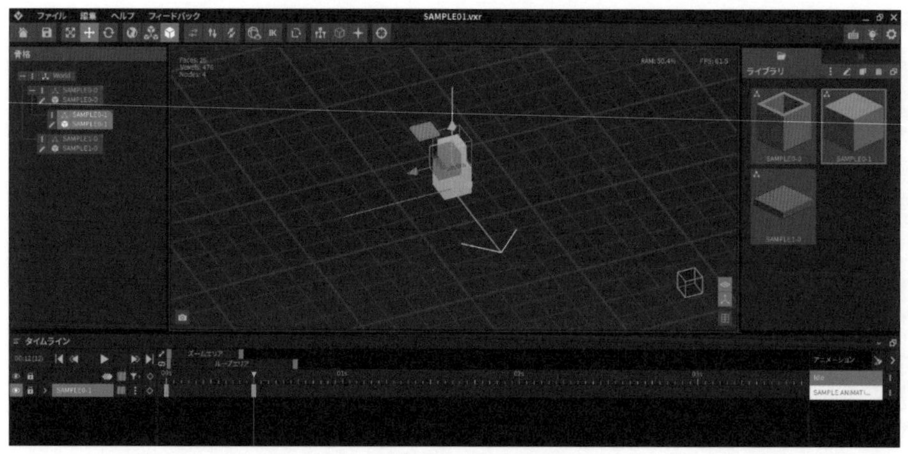

図10-47　例：25秒までの間にSAMPLE0-1をY軸方向に移動

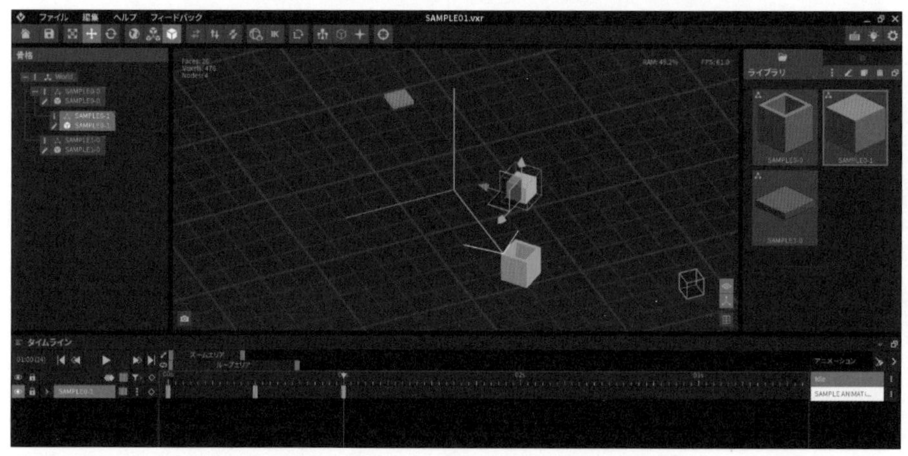

図10-48　例：25秒後から1秒までの間に親ノードのSAMPLE0-0がZ軸方向に移動するので、SAMPLE0-1はSAMPLE0-0と一緒にZ軸方向に移動しながら上昇

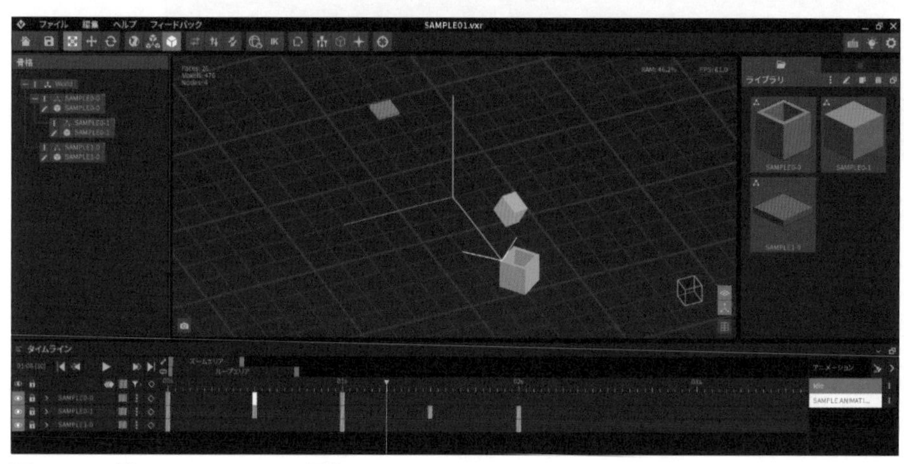

図10-49　例：アニメーションの再生

テンプレートで作例を見てみよう

図10-50　テンプレート

先ほどは簡単なモデルで試してみましたが、「テンプレート」で作例を見ることもできます。一例として、テンプレートにある「大きなドラゴン」の画面をご紹介します。左下の再生ボタンを押すと、実際にドラゴンを動かすことができます。パーツの組み方や動かし方など、参考になります。

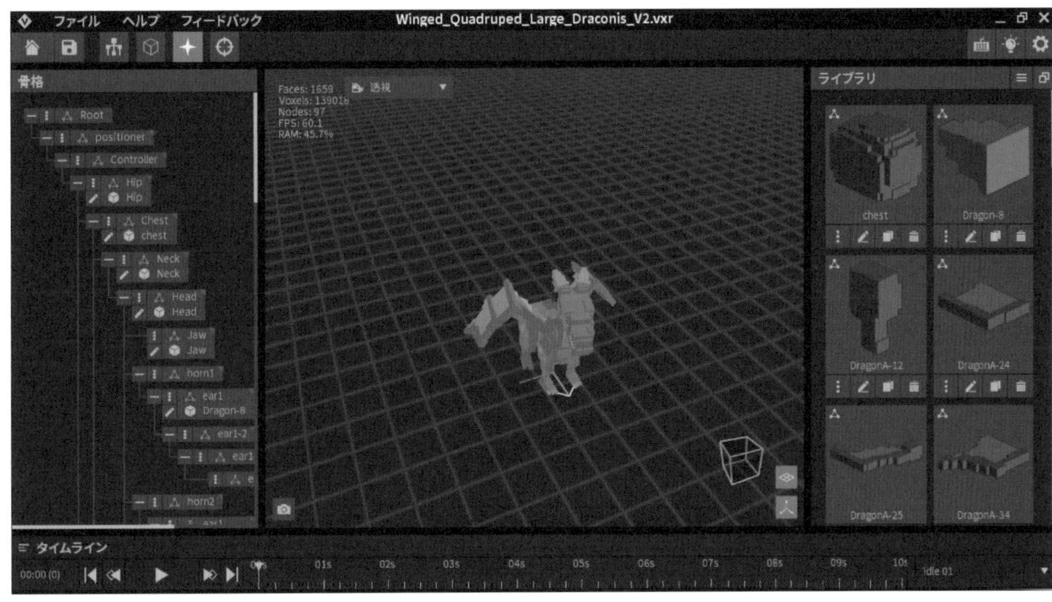

図10-51　再生ボタンをクリックするとドラゴンが動く

10-4. 「VoxEdit」で作成したアセットを公開

「VoxEdit」で作成したAssetはThe Sandboxのマーケットプレイスで販売することもできます。なお、販売できるのはThe Sandboxから認可されたクリエイターのみとなっている場合があるため、本書では自分のアカウントの「ワークスペース」に入れるまでの流れをご紹介します。

なお、作成した3DモデルをOpenSeaなど外部のNFTマーケットプレイスで出品することも可能です。

10-4-1. マーケットプレイスへのエクスポート

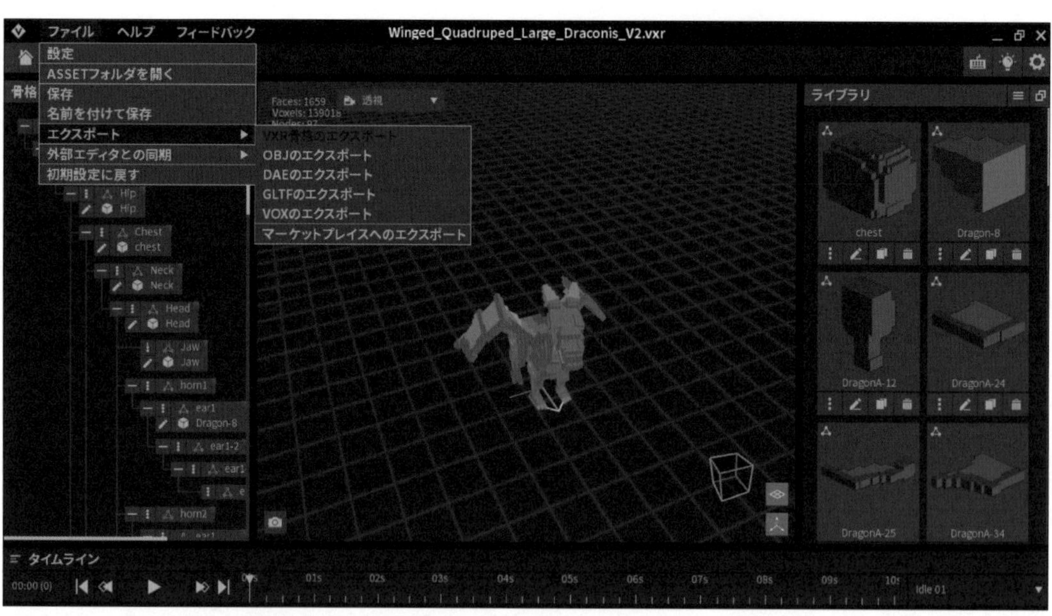

図10-52　マーケットプレイスへエクスポートする

アセットの作成が完成したら、「ファイル」から「エクスポート」を選択し、一番下にある「マーケットプレイスへのエクスポート」を選択しましょう。

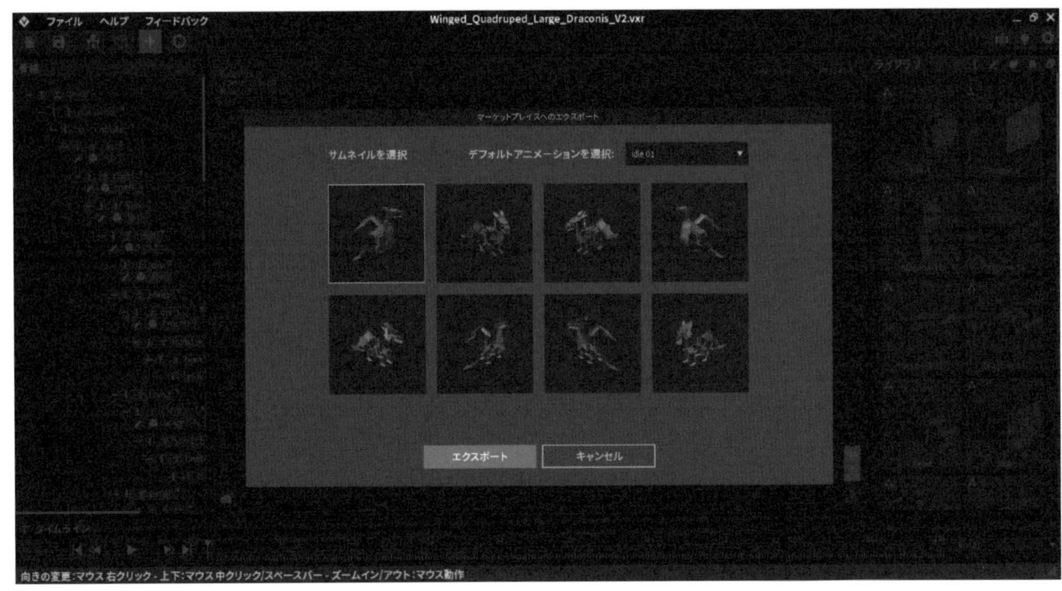

図10-53　サムネイルの選択

サムネイルを選択する画面が開くので、好きなものを選んで「エクスポート」をクリックします。

10-4-2. The Sandboxの画面でアセットをアップロード

The Sandboxの画面に映り、アセットをアップロードします。

図10-54　「新しいアセットを作成」を選択

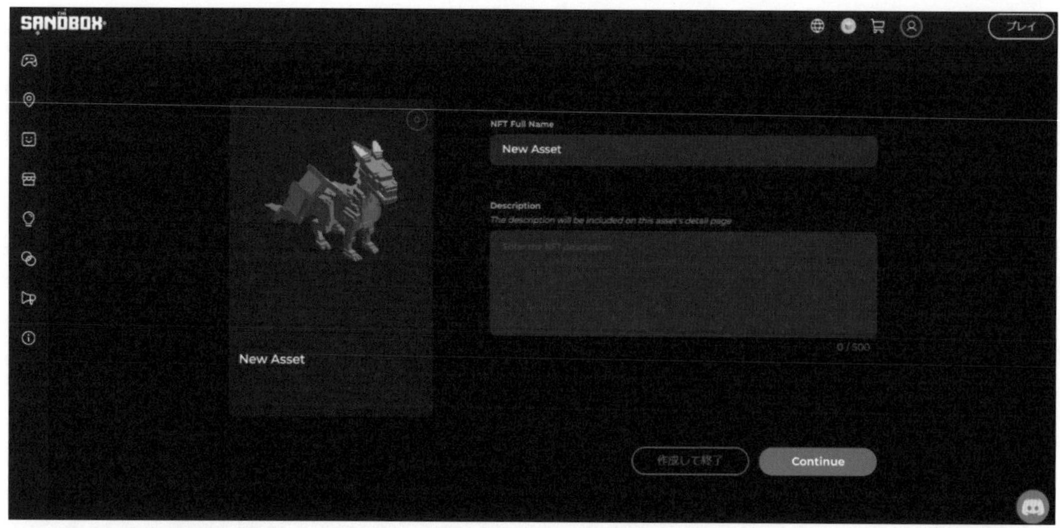

図10-55　名前や説明を適宜入力して「Continue」

必要であれば「名前」や「説明」を記入しましょう。

10-4-3. 各種設定をしてインベントリへ

続いて「タグ」（カテゴリー）やカタリスト（希少性など）を選択し、属性を決め、アセットを作成します。

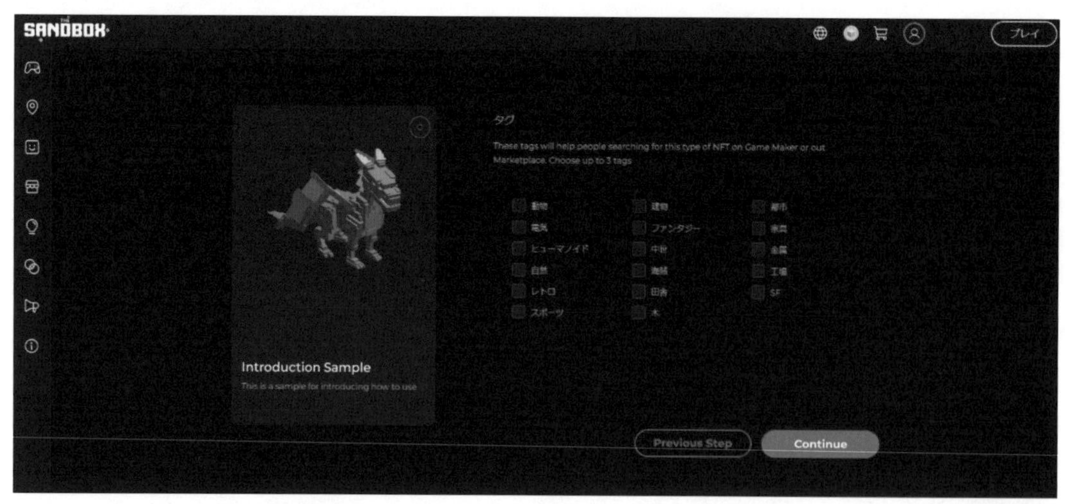

図10-56　タグは3つまで設定できる

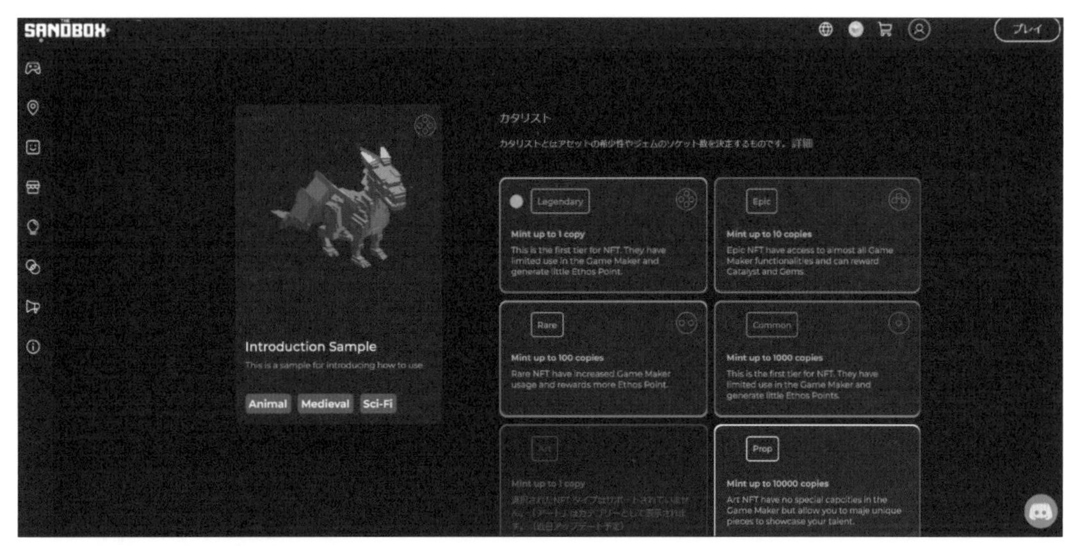

図10-57　カタリストを選択

図10-58　設定したジェムによってアセットの属性が変化。「Create Asset」をクリックして作成完了

第10章

作成が完了したら、自分のアカウントの「ワークスペース」にアセットがあることを確認しましょう。

図10-59　ワークスペースを確認

図10-60　ワークスペースを確認

第11章

ChatGPTなどのAIとWeb3

2022年から、MidjourneyやStable Diffusionなどの画像生成AIや、ChatGPTなどの文章生成AIが大きなトレンドとなっています。本章では、AIとWeb3が関連しているトピックをいくつかご紹介します。

11-1. AIがWeb3に与える影響

11-1-1. 凄まじい進化を遂げている生成AI

近年、AI、特に生成AIの進化が凄まじいです。2022年から大きな話題となったMidjourneyやStable Diffusionをはじめとする画像生成AI、そして2023年から大きな話題となったChatGPTをはじめとする文章生成AIが世間を大きく賑わせています。

「AIなんて前からあるじゃないか」と思う人もいるかもしれません。ただ、最近話題の生成AI（ジェネレーティブAI）のすごいところは、私たちが普段使っている日本語や英語などの自然言語を入力することで、私たちが望むような結果（画像や文章など）を出してくれる点です。

生成AIの影響は広範囲に渡り、アイデア次第で様々な分野や業界での活用が進んでいくでしょう。それはWeb3においても例外ではありません。

本書では、代表的な生成AIについて少し解説した後に、最近のトレンドへの理解を深めていただくためにも、AIがWeb3に与える影響について簡単にご紹介します。

11-1-2. 画像生成AIとは？

画像生成AIとは、ユーザーが生成したいイメージを日本語や英語などのテキストで入力すると、イラストをAIが自動で生成してくれるものです。例えば、「家の中で寝ている猫」とテキストで入力すると、AIがそれに基づいて自動的に画像を生成してくれます。

代表的なサービスに、Midjourneyの「Midjourney」、Stability AIの「Stable Diffusion」、OpenAIの「DALL・E2」があります。

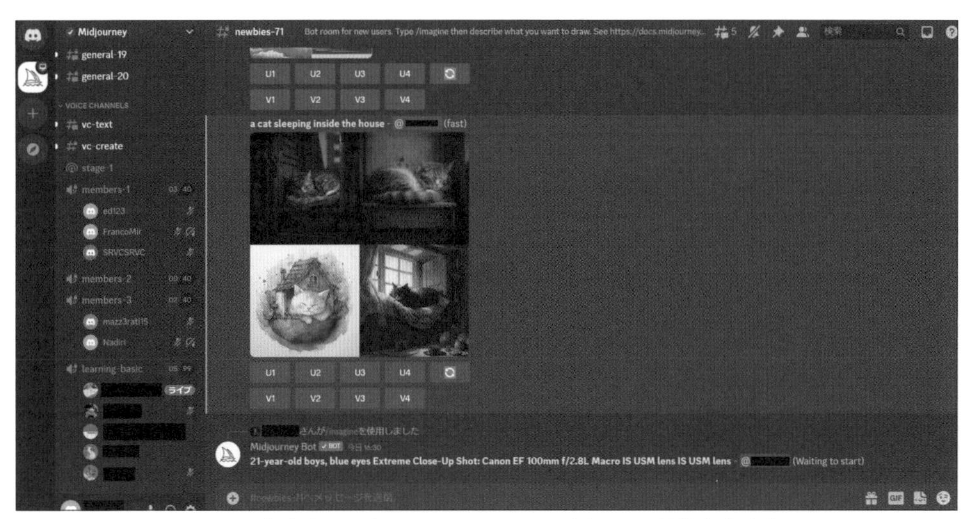

図11-1　Midjourneyの画像生成。MidjourneyではDiscordを通じて画像を生成する

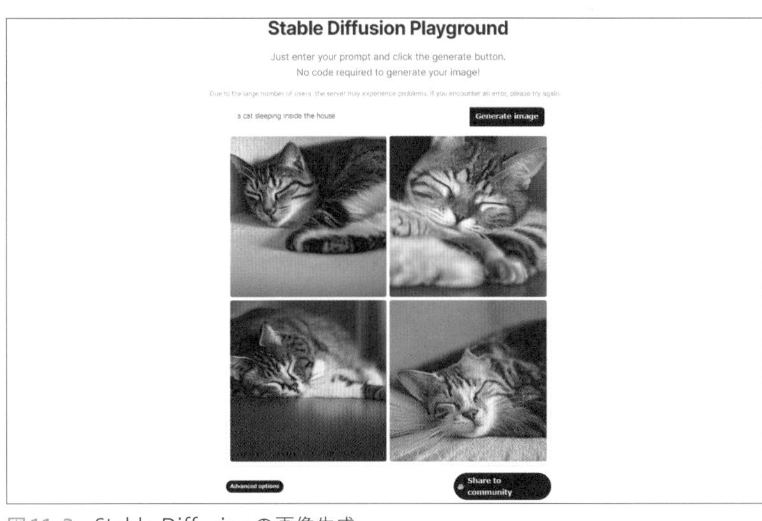

図11-2　Stable Diffusionの画像生成

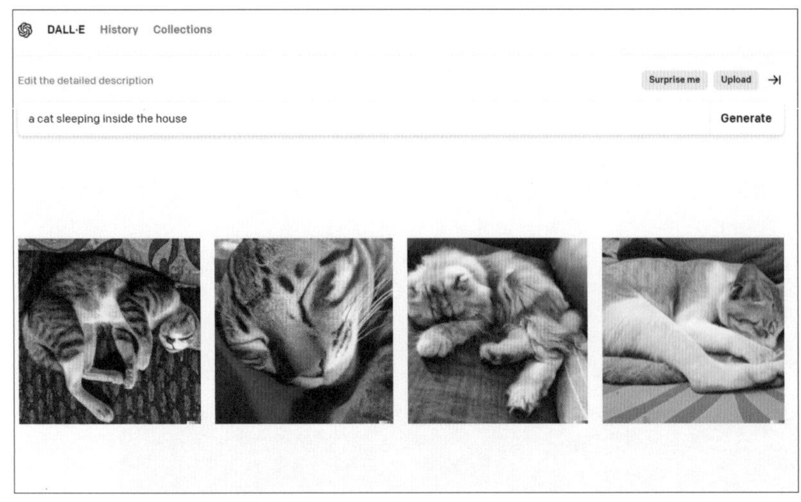

図11-3　DALL・E2の画像生成

AIによる画像生成が普及することで、画像が大量に必要なビジネスにおいてコストが劇的に下がることが期待されているほか、誰もがクリエイターになりやすくなり、クリエイターエコノミーの拡大も期待されます。

一方、画像生成AIがクリエイターの仕事を奪うことが社会問題となりつつあります。さらには著作権の問題や画像生成AIに関する法整備など、画像生成AIの活用には課題もあります。

11-1-3. 文章生成AIとは？

文章生成AIとは、ユーザーが日本語や英語などのテキストで入力した文章に対し、AIが文章（チャット形式）で応答してくれるものです。人間が話しているかのような自然な文章を短時間で生成します。代表的なサービスに、OpenAIの「ChatGPT」があります。

文章生成AIは自然言語処理技術を活用しています。大量のテキストデータを学習し、それを元に新しい文章を生成しているのです。

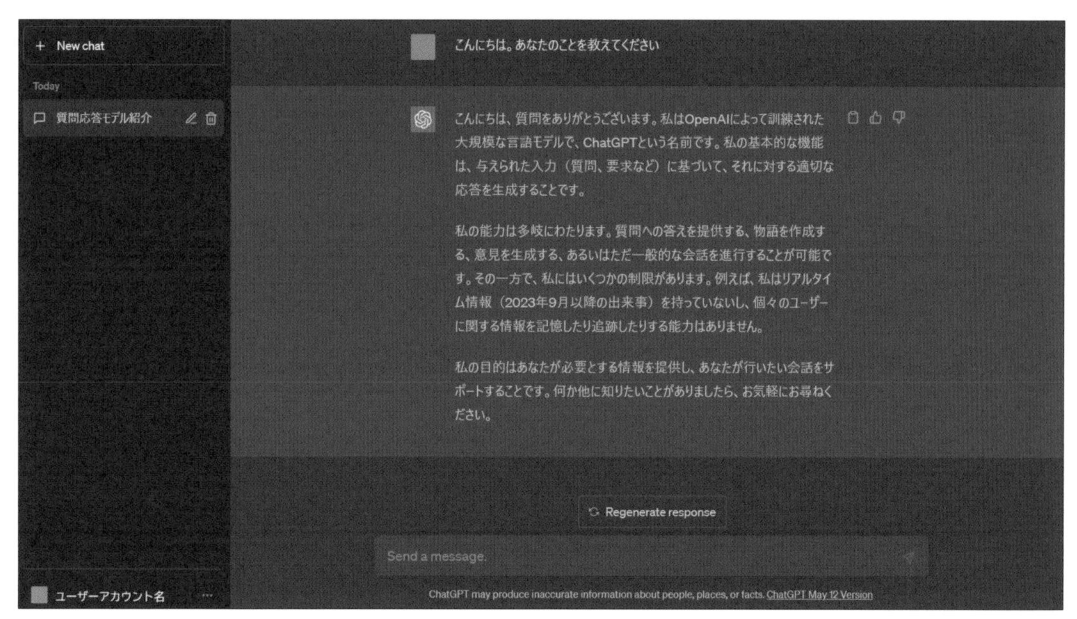

図11-4　ChatGPTの画面。なお、この画像の例（「2023年9月以降の出来事」の部分）からもわかるように、必ずしも正しい情報を生成してくれるわけではない

11-1-4. AIがWeb3に与える影響

詳しくは後述しますが、生成AIはNFTやメタバースといった分野でも活用できます。さらには、スマートコントラクトを開発する際にAIを活用したり、スマートコントラクトにAIを活用することで、より複雑な取引が処理できる可能性もあります。

また、暗号資産を活用してAIの開発を進めるプロジェクトもあります。
このようにアイデア次第で、一見あまり関連性のなさそうなWeb3とAIですが、様々なシナジーを発揮することができます。Web3とAIを組み合わせたら、こんなこともあんなこともできそう、とワクワクしながら考えてみてください！

11-2. AIを活用して NFTプロジェクトを実施

11-2-1. 画像生成AIを活用した NFTプロジェクト

AIを活用すると、NFTプロジェクトを効率的に実施できる場合があります。たとえば、画像生成AIで画像を生成し、それをOpenSeaなどのプラットフォームを使うか、thirdwebなどのツールを使って、NFTアートとして配布したり、売り出すことなども考えられます。

ただし、利用する画像生成AIサービスの規約によっては、生成した画像の著作権が他者（サービス提供会社など）にある場合もありますので、規約もしっかり確認するようにしましょう。

また、一方、『**11-1-2. 画像生成AIとは？**』でも触れましたが、画像生成AIの利用にはいろいろな課題もあります。

たとえば、AIの学習過程において、使用許諾を得ていない画像データを含むデータセットが使われている場合があり、その是非が問われています。学習元の画像の制作者が時間をかけて身に着けてきた技術を誰でも簡単に利用できるようになることに対する問題意識や、著作権の取り扱いなど難しい課題も多く残されており、まだこれからの技術という面もあります。

知らないうちに他者の権利を侵害してしまうリスクを避けるためにも、画像生成AIによる生成物を利用する場合は使用するAIについてしっかり調べ、著作権や知的財産権を侵害しない形での画像生成を実現しているモデルを使うといった配慮も忘れないようにしましょう。

組織向けにまとめられた内容ですが、日本ディープラーニング協会（JDLA）による『生成AIの利用ガイドライン』なども、生成AIを利用する上で参考になります。

参考文献

- 『生成AIの利用ガイドライン』
  https://www.jdla.org/news/20230501001/
- 『図解ポケット 画像生成AIがよくわかる本』
  （田中秀弥［著］, 筆者［監修］, 秀和システム, 2023年5月）

11-2-2. ChatGPTを活用したNFTプロジェクト

ChatGPTもNFTプロジェクトを実施する上で役立ちます。例えば、「NFTプロジェクトが成功するための戦略を考えてください」などと質問し、ChatGPTに戦略を提示してもらうことができます。

また、英語など外国語が苦手な場合は、ChatGPTに外国語で文章を作ってもらうことで、OpenSeaにおけるNFTプロジェクトの説明文やSNSで投稿する文章を、わかりやすくかつ迅速に生成することもできます。

なお、ChatGPTに入力した情報は、将来的にChatGPTの学習に利用される可能性があります。OpenAIの規約によると、個人を特定できる情報を削除する対策が取られているとされてはいますが、個人情報や機密情報の入力は避けて使用するようにしましょう。

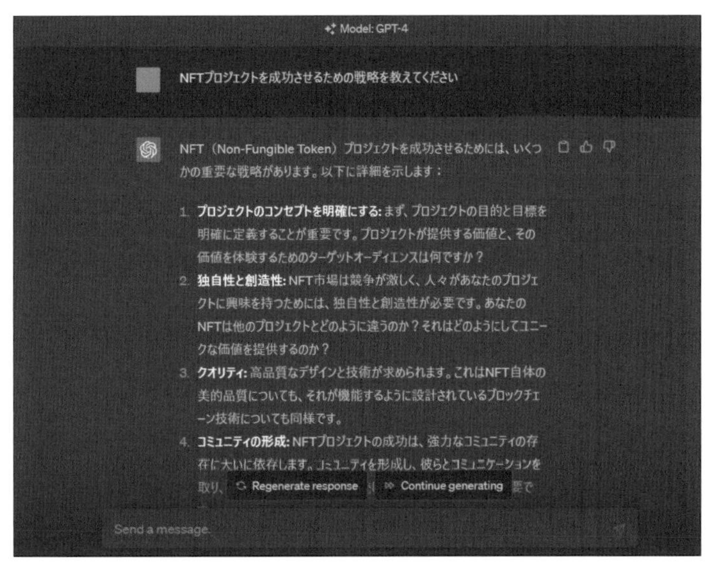

図11-5
ChatGPT（GPT-4）に「NFTプロジェクトが成功するための戦略を考えてください」と質問

11-3. AIが進化させるメタバースの世界

11-3-1. 人間と話しているのか、AIと話しているのかわからない空間

ChatGPTなどの文章生成AIとその生成された文章を自然に読みこなすAIがあるとしたら、どうなるでしょうか？メタバース空間では、中身が人間ではないNPC（Non-Player Character）も、ある程度のレベルで人間と同じように話せるようになるでしょう。

その際は、あまりスラスラ文章を読ませずに、途中に「あー」や「えー」など、さも人間が会話しているような音も入れるとより自然になるでしょう。

このようにより自然に会話できるAIアバターを作ることによって、人間と話しているのか、AIと話しているのかわからない空間ができると考えられます。

11-3-2. ユートピアかディストピアか

このように人間と見分けがつかないAIアバターが普通になると、「もはや人間と話すよりいい」と思う人も出てくるでしょう。もちろん文句など言わず、自分をいつも肯定してくれる存在にメタバース上で囲まれている方が幸せだと思う人も出てくるかもしれません。

これがユートピア（理想郷）かディストピア（暗黒世界）かは感じ方次第ですが、需要のあるサービスは多少の異論があっても発展していくことでしょう。

11-4. AI関連銘柄は暗号資産市場でも注目

11-4-1. 株式市場と暗号資産市場の共通点

世間でAIへの注目度が高まると、株式市場においてはAI関連銘柄への注目度が高まり、価格の上昇も期待できます。実はこのような影響は、株式市場だけでなく暗号資産（仮想通貨）市場にももたらされています。

ビットコインを代表とする暗号資産にも株式同様、様々な種類があります。それぞれの企業がそれぞれの株式を発行するように、それぞれのWeb3（次世代のインターネット）系のプロジェクトがそれぞれの暗号資産を発行しているのです。

その中には、AI関連のプロジェクトに紐付いて発行される暗号資産もあります。

11-4-2. AI関連銘柄の暗号資産

AI関連銘柄の暗号資産を発行しているプロジェクトは、下記などがあります。

- SingularityNET（AGIX）・・AIサービスの販売・購入を可能にするマーケットプレイスを提供
- Fetch.ai（FET）・・AIによる自動データ収集・分析によりユーザーに最適なサービスを提供
- Numeraire（NMR）・・世界中の主要株式市場に投資するための人工知能をクラウドソーシングするヘッジファンドを運営

例えばSingularityNETの場合、マーケットプレイスでのAIモデル／サービスの売買には、独自トークンが必要となります。AIモデルの開発者はマーケットプレイスでAIモデルを販売することで、購入者から直接トークンを獲得することができ、収益の基盤を拡大することができます。

さらに、マーケットプレイスでの売買はブロックチェーン上に記録され、仲介コストを下げることにつながります。AIモデルやサービスを既存の仕組みよりも安価に提供でき、AIのさらなる普及に寄与することが期待されます。

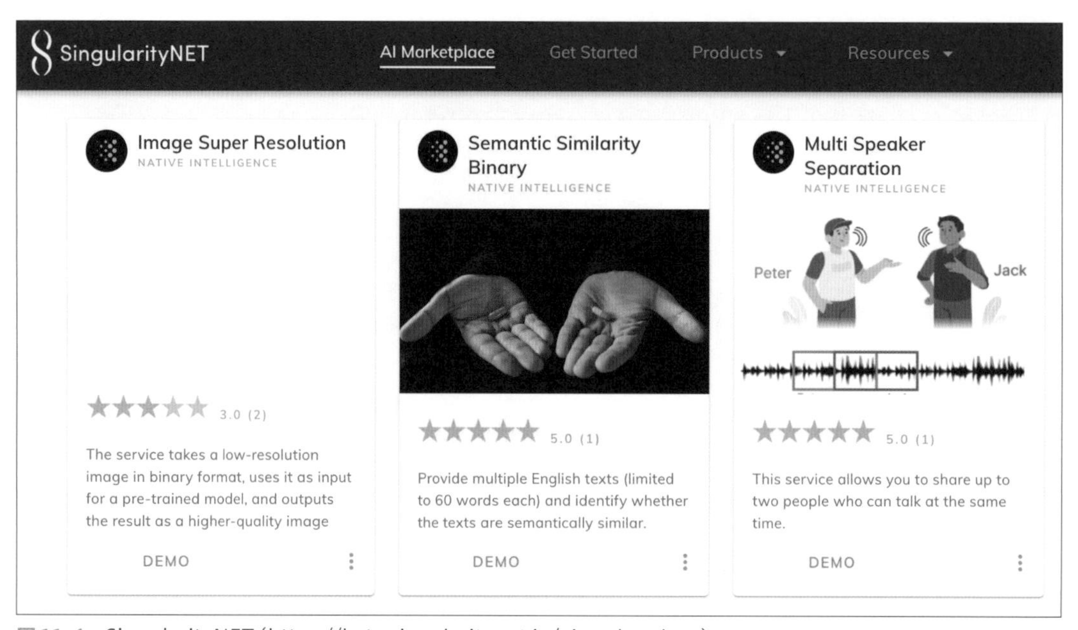

図11-6　SingularityNET（https://beta.singularitynet.io/aimarketplace）

なお、株式市場に上場している株式よりも、暗号資産の方が、依然としてボラティリティ（商品の価格変動）は大きい傾向にあります。しかしながら、今後さらに成長が期待される分野でもありますので、ご興味あれば暗号資産市場への参入を検討してもよいでしょう。

なお、ここでご紹介した暗号資産は、CoinMarketCapなどを見るとわかりますが、基本的に海外の取引所で扱われています。取引してみたい場合は第4章を参考に、取引したい暗号資産を扱っている取引所のアカウントを作成し、まずは少額で取引してみてください。

11-5. AIとスマートコントラクト

11-5-1. スマートコントラクトの開発を効率化

ChatGPTはシステム開発でも有用です。実装したい機能の要素や特徴などを入力すれば、それに必要なコードを生成してくれます（誤りを含むコードが生成される場合もありますが、ここを直してほしい、といったやり取りをしながら効率的にコードを作成することができます）。これはスマートコントラクトの開発などにも有用です。

また、ChatGPTはコードレビューもしてくれます。そのため、まずは自分でコードを書いてみて、ChatGPTに確認してもらうという使い方もできます。

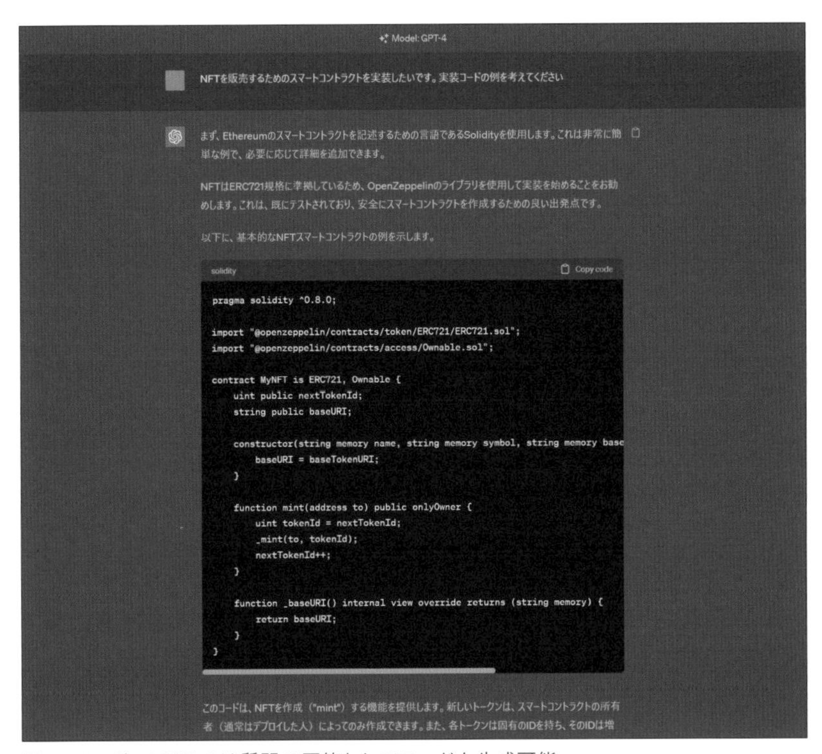

図11-7　ChatGPTでは質問の回答としてコードも生成可能

11-5-2. AIがスマートコントラクトをパワーアップ

今後AIを活用することで、スマートコントラクトの性能をより高めることも一部では期待されています。例えば、下記などが想定されます。

- **支払い条件を自動的に調整**
- **特定の条件が満たされたことに基づいて資金を放出**
- **AIがその契約のリスクを自動で計算し、最適な条件のスマートコントラクトを自動生成**

これによって、完全に人の手を離れた複雑な契約が実現するかもしれません。

一方で、この契約に関する責任の所在がわからなくなってしまうなどの課題もあります。

おわりに

改めまして、本書をご覧いただきありがとうございました！

本書では、ブロックチェーンやWeb3に関する基礎的な知識を解説し、暗号資産（仮想通貨）、DeFi、NFT、X to Earn、DAO、メタバースについて初心者でも実践できる手順をご紹介しました。あなたも何かしら実践できましたでしょうか？

本書のテーマは「実践」です。勉強でもスポーツでも趣味でも仕事でも何でもそうですが、まずは下手でも実践してみることが非常に重要です。ただ単に座学で学ぶだけでは飽きてしまいますし、実際あまり理解できていなかったりもします。

私が大学時代に取り組んでいた合気道を例に挙げると、相手が殴りかかってきた場合にこのように避けてこのように反撃して、などと方法自体は本や動画で学ぶことができます。しかし、実際に何度も稽古して動きを身につけなければ、うまく避けられずに殴られてしまう可能性が高いでしょう。

今はまだ一般的でないWeb3のサービスも、使っていくことで慣れ、仕事や趣味など実生活で活かすことができるようになります。今後は暗号資産を決済や送金で使ったり、NFTをチケットなどとして利用したり、メタバースでコンサートに参加したりする機会が増えてくるかもしれません。

「最近のサービスはよくわからない」「自分には向いていない」とすぐに諦めてしまうことは簡単ですが、それによって多くの機会損失や金銭的損失が生じてしまう可能性もあります。しかし、本書をご覧いただいたあなたには損をしていただきたくないです！

最初はまだまだよくわからないことも多いと思いますが、気が向いたタイミングでいいので是非いろいろ挑戦してみてください。

最初の一歩は腰が重いものですが、その一歩が踏み出せれば二歩目、三歩目はだいぶ軽くなるでしょう。

本書を参考にブロックチェーンが作り出す広大な世界へ飛び込んでみてください！

Web3やメタバース、そして生成AIなどに関するお役立ち情報を日々無料メルマガで配信しています。ご興味あればご覧ください！

また、ご感想、お問い合わせは公式LINEまたはメールでいただけますと幸いです。

■公式メルマガ

URL: https://tr2wr.com/lp

■公式LINE

（ご感想・お問い合わせをお待ちしております！）

URL: https://lin.ee/WPBREwF

INDEX

A～D

E～M

N～R

S～Z

あ行

か行

さ行

た行

な行

は行

ま行

や行

ら行

著者プロフィール

松村 雄太

（まつむら ゆうた）

Web3総合研究所 代表。早稲田大学 招聘研究員。株式会社メタニカ 顧問。
NFT、メタバース、生成AIなどについて学べるコミュニティを主催。

埼玉県立浦和高校、早稲田大学商学部卒。新卒で外資系IT企業に入社し、1年間のインド勤務を経験。その後、外資系コンサルティングファームを経て、メディア系ベンチャー企業にて日本の大手企業向けに、国内外のスタートアップやテクノロジートレンドのリサーチ・レポート作成を担当。近年はWeb3、メタバース、生成AIに注目し、書籍の執筆や監修、講座の作成や監修、講演、寄稿などの活動に力を入れている。

著書に『図解ポケット デジタル資産投資 NFTがよくわかる本』、『図解ポケット メタバースがよくわかる本』、『図解ポケット 次世代分散型自律組織 DAOがよくわかる本』（以上、秀和システム刊）、監修書に『図解ポケット 画像生成AIがよくわかる本』、『図解ポケット 次世代インターネット Web3がよくわかる本』、『図解ポケット 次世代プラットフォーム イーサリアムがよくわかる本』（以上、秀和システム刊）など多数。

運営サイト：**Web3総合研究所 https://crypto-ari.com**
ニュースレター：1分で読めるブロックチェーン通信　https://y11a.theletter.jp

公式メルマガ：https://tr2wr.com/lp

公式LINE：URL: https://lin.ee/WPBREwF
（あるいは ID: @927wtjwr より）

STAFF
・ブックデザイン：三宮 暁子（Highcolor）
・カバー、総扉イラスト：2g
（https://twograms.jimdo.com）
・DTP：AP_Planning
・編集：角竹 輝紀、門脇 千智

一歩目(いっぽめ)からの ブロックチェーンとWeb3(ウェブスリー)サービス入門(にゅうもん)

体験(たいけん)しながら学(まな)ぶ暗号資産(あんごうしさん)、DeFi(ディーファイ)、NFT(エヌエフティー)、DAO(ダオ)、メタバース

2023年6月28日　初版第1刷発行

著者　松村 雄太

発行者　角竹 輝紀

発行所　株式会社マイナビ出版
〒101-0003　東京都千代田区一ツ橋2-6-3 一ツ橋ビル 2F
TEL：0480-38-6872（注文専用ダイヤル）
TEL：03-3556-2731（販売）
TEL：03-3556-2736（編集）
編集問い合わせ先：pc-books@mynavi.jp
URL：https://book.mynavi.jp

印刷・製本　株式会社ルナテック

ISBN978-4-8399-8098-6